南沙岛礁行道树（由王俊提供）

南沙岛礁防风林（由王俊提供）

南沙岛礁公共绿地（由王俊提供）

南沙岛礁防风固沙绿地（由王俊提供）

南沙岛礁草坪（由王俊提供）

永兴岛原生植被（由蔡洪月提供）

永兴岛孪花蟛蜞菊入侵样地（由蔡洪月提供）

东岛原生植被（由蔡洪月提供）

东岛飞机草入侵样地（由蔡洪月提供）

东岛无根藤入侵样地（由蔡洪月提供）

热带珊瑚岛礁土壤线虫

——形态分类与群落结构

刘占锋　吴文佳◎主编

SPM 南方出版传媒
广东科技出版社｜全国优秀出版社
·广　州·

图书在版编目（CIP）数据

热带珊瑚岛礁土壤线虫：形态分类与群落结构/刘占锋，吴文佳主编. —广州：广东科技出版社，2020.3
ISBN 978-7-5359-7376-4

Ⅰ. ①热… Ⅱ. ①刘…②吴… Ⅲ. ①珊瑚礁—土壤微生物—线虫—研究 Ⅳ. ①P737.2 ②S154.38

中国版本图书馆CIP数据核字（2019）第298022号

热带珊瑚岛礁土壤线虫——形态分类与群落结构
Redai Shanhu Daojiao Turang Xianchong——Xingtai Fenlei Yu Qunluo Jiegou

出 版 人：朱文清
责任编辑：区燕宜 于 焦
封面设计：柳国雄
责任校对：廖婷婷
责任印制：彭海波
出版发行：广东科技出版社
（广州市环市东路水荫路 11 号 邮政编码：510075）
销售热线：020-37592148/37607413
http：//www.gdstp.com.cn
E-mail：gdkjzbb@ gdstp.com.cn（编务室）
经 销：广东新华发行集团股份有限公司
印 刷：广州市彩源印刷有限公司
（广州市黄埔区百合三路 8 号 201 栋 邮政编码：510700）
规 格：787mm × 1 092mm 1/16 印张 8.25 插页 2 字数 165 千
版 次：2020 年 3 月第 1 版
2020 年 3 月第 1 次印刷
定 价：80.00 元

《热带珊瑚岛礁土壤线虫——形态分类与群落结构》

编委会

本书出版得到以下项目的资助：

中国科学院战略性先导科技专项（A类）（XDA13020500）

广东省科技计划项目（2019B121201005）

国家自然科学基金—广东联合基金重点项目（U1701246）

中国科学院青年创新促进会优秀会员项目

前 言

南海诸岛为我国南海200多个岛礁的总称。南海诸岛自古就是中国领土不可分割的一部分，对巩固中国海防和维护海洋权益具有重要作用，也是“经略南海”“一带一路”等国家战略的重要支撑点。由于环境变化和人类活动干扰，南海诸岛的部分自然植被出现退化现象，在保护好热带珊瑚岛礁自然植被的基础上，对退化植被进行科学的恢复刻不容缓。

南海岛礁生态环境特殊，具有高盐、强碱、高温、强光、季节性干旱等极端生境特点，并且珊瑚砂土的肥力匮乏。为恢复退化植被，相关单位选育了南海诸岛常见的约60种乡土植物进行植被构建，通过生境简单改良并利用植物种间相互关系集成技术解除植物定居限制和构建近自然可持续植被群落。目前，南海部分岛礁的植被恢复建设已取得初步成效，在后续工作中，维护新构建和已恢复的植被、监测土壤生态系统动态、防控土壤生物入侵及病虫害的防治显得尤其重要。土壤线虫是土壤生态系统的一类重要指示生物，其营养类群结构的变化与土壤生态系统过程联系紧密，通过调查土壤线虫和监测其种群变化可了解土壤生态系统现状及其动态变化规律。同时，一些土壤线虫也是重要的植物病原物，监控这些土壤线虫的发生状况对维持已恢复植被的生长发育至关重要。

南沙岛礁是南海诸岛中地理位置最南、岛屿滩礁最多和散布范围最广的一组岛礁。目前，通过人工选育、种植和管理，我国南沙岛礁部分岛礁的植被恢复建设取得初步成效，后续维护工作也在有序进行。在中国科学院战略性先导科技专项（A类）、国家自然科学基金—广东联合基金重点项目、广东省科技计划项目、中国科学院青年创新促进会优秀会员项目等的资助和中国科学院海岛与海岸带生态工程实验室的支撑下，我们对采自南沙岛礁的防风固沙绿地、防风林、公共绿地、行道树、草坪、客土堆、裸地、藤本植物和豆科植物等典型植物群落土壤样品中的土壤线虫进行了种类鉴定和生态学分析。

西沙岛礁是中国南海陆地面积最大的岛礁。目前，外来植物入侵已对海岛原生植被的生长和生存造成了不同程度的威胁，并且对当地生态系统的稳定性产生了影响。因此，我们采集了外来植物不同入侵程度样地的土壤样品，对其中的土壤线虫进行了种类鉴定和生态学分析。我们将鉴定和分析结果整理成书，为南海诸岛深入开展土壤线虫调查和监测提供信息，并为海岛生态恢复提供线虫种类选择。

本书内容主要包括：我国热带岛礁生态概况，土壤线虫的分类学和生态学研究方法，我国热带岛礁土壤线虫种类介绍，我国热带岛礁土壤线虫群落结构特征分析，土壤线虫的恢复措施、生态风险及应对策略。作为我国首部以热带珊瑚岛礁为研究对象的土壤线虫学专著，本书将为我国热带珊瑚岛礁土壤生物多样性的保护与可持续利用、退化植被的恢复与管理、土壤生物多样性的修复与调控等提供基础资料。本书可供土壤线虫分类学、土壤生态学、土壤动物学和生物多样性研究等相关学科的科研人员、高等院校相关专业师生、土壤线虫分类学或土壤生态学爱好者等参考，也可供大众了解、认知和学习土壤线虫和土壤生态学知识。

值此书稿完成之际，谨向在本书的编撰和出版工作中做出贡献的单位和个人表示衷心的感谢！我们在编写过程中力求资料完整和标本鉴定准确，但由于水平有限、时间仓促，不足之处在所难免，敬请各位专家和读者批评指正。

编　者

2019 年于广州

目录

Contents

第一章

我国热带珊瑚岛礁基本生态特征

第一节　南海诸岛概况

我国南海诸岛位于南海南部海域，共由200多个岛礁组成，这些岛礁均是全新世海面上升后堆积而成的，海拔一般在10 m以内，大部分面积小于1.5 km^2，形状多为圆形或椭圆形，地势多为边缘高，中央低。岛上无特有植物种类，也缺乏原生的裸子植物（邢福武 等，2018），属典型的热带和赤道带海洋性季风气候。南海诸岛的土壤有两种类型：一类是在部分岛礁中部的常绿乔木和常绿灌木林下的石灰质腐殖土（磷质石灰土）；另一类是有机质缺乏的冲积珊瑚，多分布在岛外围沿岸海滨。

南海诸岛的地质历史较年轻，植被与海南、台湾及邻近国家的植物区系较相似，属于古热带植物区的马来西亚亚区，珊瑚岛热带常绿乔木群落是目前南海诸岛发育最好的植被。据最新数据统计，南海诸岛的陆上植物共有405种（包括种下分类单位），隶属于97科262属，这些植物中有野生植物260多种，由人工栽培的植物有近100种（任海 等，2017），以阳生植物为主，阴生植物极少，C3植物占绝对优势。东沙群岛位于南海诸岛的东北部，由东沙岛及邻近几个暗礁组成，东沙岛上植被繁茂。西沙岛礁位于南海诸岛的西部，其中有高等植物生长的岛屿为：永兴岛、石岛、赵述岛、广金岛、琛航岛、珊瑚岛、北岛、中岛、南岛、东岛、甘泉岛、金银岛、晋卿岛和中建岛。中沙群岛位于西沙岛礁的东南侧，其中黄岩岛有海水单子叶植物生长。南沙岛礁位于南海诸岛最南端，其中多个岛礁都有高等植物生长（邢福武 等，2018）。

第二节　南沙岛礁概况

在南海岛礁中，南沙岛礁是地理位置最南、岛礁最多和散布范围最广的一组岛礁，隶属于海南省三沙市。南沙岛礁位于北纬3°35′~11°55′，东经109°30′~117°50′，东西长约905 km，南北宽约887 km，北临雄南礁，南至曾母暗沙，西至万安滩，东达海马滩，属珊瑚礁地貌，共计有230多个岛屿、沙洲、礁、滩等，散布海域面积约880 000 km^2，岛屿海拔多在4 m以下。据统计，南沙岛礁陆地面积约为 15 km^2，有陆地植物的岛礁 21 个，共有维管植物 60 科 165 属 216 种，主要优势种有莲叶桐、海柠檬、榄仁树、白避霜花、海岸桐、橙花破布木等（邢福武 等，2018）。

南沙岛礁的大部分区域位于北纬 10° 以南，属赤道季风气候区，为热带海洋性季风气候。日照时间长，辐射强，温差小，终年高温高湿，风大，降水丰沛且降水量自北向南递增，降雨多集中于 6—12 月，干湿季明显。年平均气温为 27.9 ℃，月平均气温为 26.8~29 ℃，年降水量为 1 842 mm，每年仅有少量土台风（任海 等，2017）。夏季海面气压受赤道高压的明显影响，平均气压 1 007~1 009 hPa，冬季受大陆冷高压的影响，平均气压 1 010~1 012 hPa。其岛礁由珊瑚砂及贝壳堆积而成，珊瑚砂土属于碱性土，pH 8~9，有机碳含量约为 0.4%，土壤全氮含量为 0.04%~0.16%，全磷含量约为 0.04%，土壤钾含量约为 0.5 g/kg，钙含量为 240 g/kg，钠含量为 2.5 g/kg（王玮韧，2018）。

在中国科学院战略性先导科技专项（A 类）的资助下，中国科学院华南植物园承担了南沙岛礁部分岛礁植被的新建与恢复工作，经过多年的土壤改良和植物选育，植被已得到初步的恢复，很大程度上改善了南沙岛礁的生态环境。为了了解南沙岛礁目前的土壤状况，我们从南沙岛礁部分岛礁采集了行道树、防风林、防风固沙绿地、公共绿地、草坪、藤本植物、豆科植物、客土堆和裸地的土壤样品，测定了相关的理化性质，鉴定了土壤线虫的种类（属水平）并进行食性统计分析，详细描述见第三章。

草坪、防风固沙绿地、防风林、公共绿地及行道树不同植被类型土壤理化指标详见表 1-1。根据几种不同植被类型土壤理化指标可知，行道树的有机质含量、有机碳含量、有效磷含量和土壤氮含量等指标的值均为最高，草坪的土壤肥力次之，但草坪的微生物酶活性最高，防风固沙绿地、防风林和公共绿地的土壤肥力较为相近，但钾、镁、钠等含量不同。

表 1-1 南沙岛礁部分植被类型的土壤理化指标

指标	植被类型				
	草坪	防风固沙绿地	防风林	公共绿地	行道树
pH	9.11	9.27	9.25	9.27	9.13
含水量 /%	17.10	14.00	14.50	14.10	14.40
温度 /℃	23.57	23.45	24.23	23.69	23.88
有机碳含量 /%	0.53	0.25	0.24	0.23	0.57
有机质含量 /%	0.91	0.43	0.41	0.40	0.98
有效磷含量 /mg · kg^{-1}	16.67	12.64	13.53	12.30	24.00
氮含量 /g · kg^{-1}	0.43	0.23	0.20	0.25	0.46
磷含量 /g · kg^{-1}	0.79	0.46	0.48	0.52	0.78
盐含量 /g · kg^{-1}	1.03	0.95	1.04	1.04	0.98
钙含量 /mg · kg^{-1}	264 625.00	296 800.00	262 600.00	297 450.00	259 450.00
钾含量 /mg · kg^{-1}	705.45	180.98	148.87	289.40	455.35
镁含量 /mg · kg^{-1}	9 649.00	8 475.00	13 645.00	15 790.00	10 157.50
钠含量 /mg · kg^{-1}	1 823.00	1 718.50	1 894.00	2 038.00	1 657.50
铜含量 /mg · kg^{-1}	16.60	10.85	10.00	13.25	12.80
铁含量 /mg · kg^{-1}	5 490.85	1 118.23	323.92	2 557.27	6 829.74
锌含量 /mg · kg^{-1}	31.41	46.90	25.54	15.88	53.53
N-乙酰-β-氨基葡萄糖苷酶酶活/nmol ·（g · h）$^{-1}$	0.23	0.26	0.24	0.20	0.15
酸性磷酸酶酶活 /nmol ·（g · h）$^{-1}$	1.62	1.16	1.18	1.13	1.13
β-葡糖苷酶酶活/nmol ·（g · h）$^{-1}$	0.35	0.30	0.27	0.26	0.18

注：表内数据为各理化指标的平均值。

第三节　西沙岛礁概况

西沙岛礁是南海诸岛四大群岛之一，由永乐群岛和宣德群岛构成，是中国南海陆地面积最大的岛礁。西沙岛礁共有 22 个岛屿、7 个沙洲、8 座环礁、1 座台礁、1 座暗礁海滩，陆地总面积约 10 km^2，海岸线长 518 km，北起北礁，南至先驱滩，东起西渡滩，西止于中建岛，地处北纬 15°46′~17°08′，东经 111°11′~112°54′，位于中国大陆、东沙群岛与海南岛及中沙群岛、南沙岛礁之间的中心地带。西沙岛礁的植被属热带植被类型，共有维管植物 396 种，其中包括野生植物 220 种，栽培植物 176 种（童毅 等，2013），主要以抗风桐、海岸桐、银毛树、羊角树等为主，多呈斑块状分布的单优群落，主要的人工林有木麻黄和椰子。

在西沙岛礁的岛屿中，陆地面积最大的是永兴岛。永兴岛地处北纬 16°49′，东经 112°20′，由白色珊瑚贝壳沙堆积在礁平台上而形成，经扩建后与石岛相连，面积达 3.2 km^2，石岛海拔最高，为 16 m。永兴岛共有植物 353 种，占西沙岛礁植物总种数的 89.14%，其中野生植物有 187 种，占西沙岛礁野生植物总种数的 85%（童毅 等，2013），属热带季风气候，但也有海洋性气候的特点，终年高温、高湿、高盐，年平均气温为 26.5 ℃。

东岛是西沙岛礁中面积第二大的岛屿，其地处北纬 16°39′~16°41′，东经 112°43′~112°45′，由上升礁和珊瑚贝壳沙体复合组成，面积达 1.7 km^2，平均海拔为 4~5 m，最高海拔位于沙堤上，约为 8.5 m，属热带海洋性季风气候，终年高温多雨，年平均气温 26~27 ℃，年降水量约为 1 500 mm（徐贝贝 等，2018）。东岛植被覆盖率达 90%，植被属珊瑚岛常绿林，由抗风桐、海岸桐、银花树、草海桐等代表性植物组成，人工植被有椰子、榄仁树、木麻黄等，共有 103 种植物（童毅 等，2013）。

近年来，永兴岛和东岛均有外来植物入侵（插页彩图），为保护岛上植被和维护生态系统的稳定，有必要进行入侵植物对原生植被土壤生态系统影响的研究。我们通过采集永兴岛和东岛的原生植被、飞机草、无根藤和孪花蟛蜞菊入侵样地的土壤样品，测定这些植被类型的土壤理化指标（表 1–2、表 1–3），同时对分离到的土壤线虫在属水平进行鉴定，并对土壤线虫中各个食性线虫数据进行统计分析，详细描述见第三章。

通过比较可见，在外来植物入侵之后，土壤磷含量和土壤含水量明显下降，速效磷含量也有所下降，全钾含量则明显上升，而土壤有机碳含量、全氮含量和土壤酶活等其他土壤指标受外来植物入侵和季节的共同调控均有所下降。

表 1-2　西沙岛礁永兴岛部分植部类型的土壤理化指标

指标	植被类型					
	原生植被		孪花蟛蜞菊轻度入侵		孪花蟛蜞菊重度入侵	
	干季	湿季	干季	湿季	干季	湿季
pH	8.34	8.27	8.38	8.29	8.54	8.40
含水量 /%	2.01	2.60	1.09	1.49	0.91	1.03
有机碳含量 /%	7.52	6.46	7.19	4.96	5.72	3.74
全氮含量 /%	0.65	0.63	0.67	0.52	0.61	0.35
全磷含量 /%	34.84	24.26	14.84	7.04	11.70	4.85
全钾含量 /mg·kg^{-1}	293.60	271.22	332.68	293.34	323.57	340.40
盐含量 /%	0.18	0.10	0.05	0.08	0.05	0.08
速效磷含量 /mg·kg^{-1}	0.05	—	0.03	—	0.02	—
速效钾含量 /mg·kg^{-1}	45.17	85.14	29.29	59.56	32.35	70.49
N–乙酰–β–氨基葡萄糖苷酶酶活/nmol·（g·h）$^{-1}$	3.03	2.09	3.35	1.64	2.74	1.02
β–葡糖苷酶酶活/nmol·（g·h）$^{-1}$	16.71	16.43	20.10	18.95	15.84	9.63

注：表内数据为各理化指标的平均值。

表 1-3　西沙岛礁东岛部分植被类型的土壤理化指标

指标	植被类型									
	原生植被		无根藤轻度入侵		无根藤重度入侵		飞机草轻度入侵		飞机草重度入侵	
	干季	湿季	干季	湿季	干季	湿季	干季	湿季	干季	湿季
pH	8.07	8.01	8.49	8.20	8.38	8.17	7.88	7.97	7.88	7.80
含水量 /%	2.05	4.73	0.86	1.79	0.52	2.70	1.05	6.92	0.89	5.49
有机碳含量 /%	10.82	9.84	8.25	10.15	9.49	9.97	11.65	4.94	9.61	8.25
全氮含量 /%	1.09	1.11	0.71	1.17	0.81	1.00	0.78	0.30	1.05	0.41
全磷含量 /%	38.26	51.68	24.41	74.96	19.08	56.77	42.86	13.87	39.22	16.06
全钾含量 /$mg \cdot kg^{-1}$	374.71	314.01	178.14	343.90	216.74	274.05	295.47	151.80	205.90	219.88
盐含量 /%	0.14	0.11	0.09	0.05	0.07	0.10	0.14	0.14	0.13	0.11
速效磷含量 /$mg \cdot kg^{-1}$	0.11	—	0.09	—	0.07	—	0.13	—	0.11	—
速效钾含量 /$mg \cdot kg^{-1}$	140.76	103.52	37.73	47.33	38.71	61.45	129.89	125.71	105.14	76.71
N-乙酰-β-氨基葡萄糖苷酶酶活 /$nmol \cdot (g \cdot h)^{-1}$	13.57	3.09	4.30	0.83	6.78	1.30	34.12	4.68	21.03	4.02
β-葡糖苷酶酶活/$nmol \cdot (g \cdot h)^{-1}$	55.15	20.36	36.92	8.76	30.50	11.14	141.97	31.67	96.54	29.77

注：表内数据为各理化指标的平均值。

第二章
土壤线虫及其生态学研究

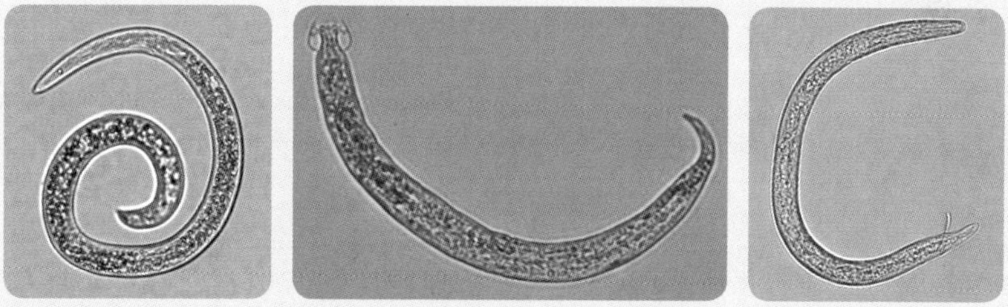

第一节　土壤线虫及其生态功能

线虫隶属于真核生物，后生动物，是一类两侧对称原体腔无脊椎动物，是地球上数量最多的多细胞动物，在海水、淡水和陆地等多种生境中均有分布。据估算，线虫的种类多达 100 万种，但目前已知的约有 30 000 种（邵元虎 等，2015；Orgiazzi et al，2016）。土壤线虫属于土壤小型动物（平均体宽小于 0.1 mm）。土壤线虫的虫体透明且结构简单、易于观察，形态结构与功能关系密切，数量众多且分布广泛，迁移能力弱，体膜具有高渗透性而使得虫体对环境变化敏感，在短时间内对环境变化有明显响应，同时其营养类群结构的变化与土壤生态系统过程联系紧密，因此可作为指示生物来反映土壤健康状况（Bongers et al，1999）。

根据食性，土壤线虫可分为植食性线虫、食真菌性线虫、食细菌性线虫和杂食 / 捕食性线虫等营养类群（Yeats et al，1999）。土壤线虫在土壤生态系统中同时扮演着捕食者和被捕食者的角色，可通过自身代谢调控土壤中有机质分解和物质循环过程。同时通过其取食作用和移动携带，直接调控微生物群落结构，影响植物共生体的分布和功能，从而改变土壤的养分元素周转，因此在土壤食物网中占有重要的地位（图 2–1）。例如，食细菌性线虫直接取食细菌，在土壤线虫中通常是较为优势的营养类群，其取食细菌后，通过体表及其他形式将超过自身生理代谢所需的氮排出体外，从而促进土壤氮矿化。食真菌性线虫取食多种类型真菌，与食细菌性线虫类似，将真菌固持的无机氮通过排泄及分泌等方式释放到土壤中，促进土壤氮矿化，但具体影响与线虫及真菌的种类有关。植食性线虫指植物寄生性线虫，是植物病害病原物的一种，具有主动侵染能力，同时会传播其他植物病原物，引起植物病害的复合感染，其取食作用间接或直接影响根瘤和菌根的形成，对植物组织造成损伤，从而影响植物的生长。杂食 / 捕食性线虫取食原生动物、线虫、线虫卵等，对土壤中小型动物数量具有一定的调控作用，对食细菌性线虫和食真菌性线虫的取食也同样可以调控土壤氮矿化。

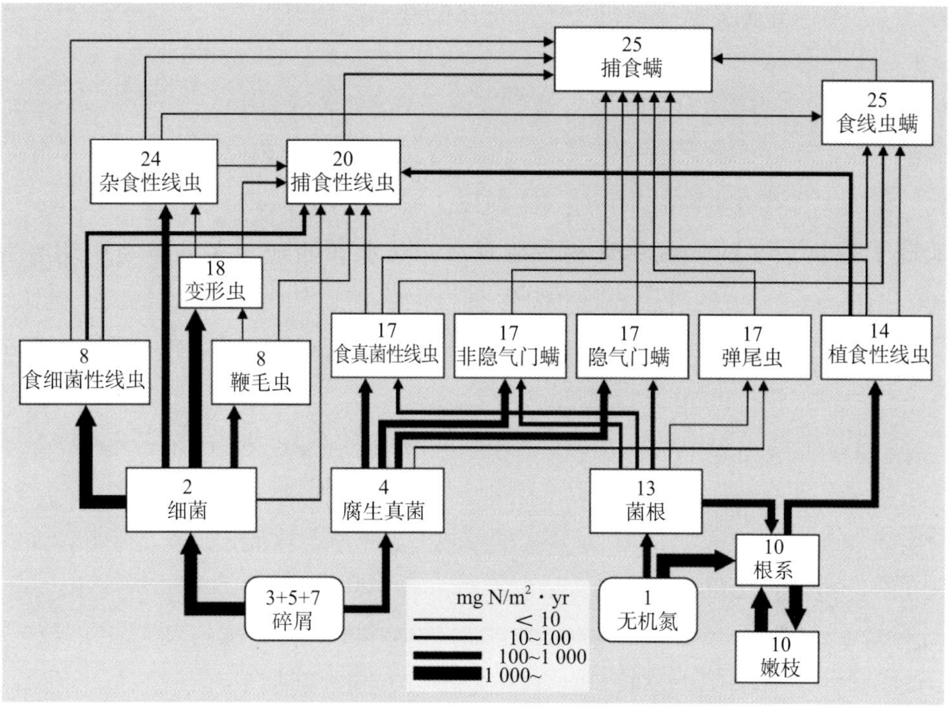

图 2-1　土壤线虫在基于消费者—资源交互的食物网中的位置

注：图中线条粗细代表氮流大小，引自 Olff et al，2009。

第二节　土壤线虫的分类学研究方法

一、土壤线虫样品的采集、分离及制作

2017 年 12 月底，从南沙岛礁部分岛礁采集不同植被类型表层土壤样品（0~10 cm）141 份，装入封口袋，做好标签，记录采样信息。采集的样品带回实验室及时分离，或储存于实验室（16~20 ℃），并避免阳光直射。

采用改良贝曼漏斗法（Hooper et al，2005）对土壤样品中的线虫进行分离。具体方法为：在玻璃漏斗下管接一段乳胶管，在乳胶管的另一端接上一个玻璃试管或 1.5 mL 离心管，在漏斗中装入适量清水，将漏斗置于漏斗架上，注意排空乳胶管中可能出现的气泡，在筛网上铺韧性较好的面巾纸，称取 50 g 土壤样品置于其中，将根系组织剪碎，并将土打散、混匀、铺平，然后将筛网轻轻地放到

漏斗中，沿漏斗侧壁缓慢添加清水至样品刚好浸没在清水中，静置 48 h 后小心取下收集管，收集到土壤线虫悬浮液。

将分离、收集到的新鲜线虫悬浮液置于 62 ℃水浴锅中 3 min 温热杀死后，静置至少 20 min，之后吸去上清液，加入等体积的双倍 FG 固定液（4% 甲醛溶液：甘油：蒸馏水＝20 ：2 ：78）固定 1 周以上，从固定好的各个样品中挑取各个属的若干条线虫，采用快速脱水法（Ryss，2003）进行脱水并制成永久玻片。

二、土壤线虫的鉴定及计数

使用配有数码照相机和显微成像软件的 Nikon Eclipse 90i 或 ZEISS Scope.A1 光学显微镜对永久玻片中的土壤线虫进行种类鉴定和拍照。在光学显微镜下，对制成永久玻片的土壤线虫和固定样品中剩余的土壤线虫按照 4 个食性类群进行分组计数，计数后根据各个样品土壤湿度换算每 100 g 干土含有的土壤线虫虫数。土壤线虫主要参考《De Nematoden Van Nederland》（Bongers，1988）、《Free-living nematodes in Hungary》（Andrássy，2009）和《植物线虫分类学》（谢辉，2005）等方法鉴定到科属水平。土壤线虫常用形态学鉴定特征见图 2–2，分述如下。

1. 口和口针

不同类群线虫的口腔为了适应一定的取食方式，具有多种不同的形态，有的非常小，难以辨别，有的呈管状、漏斗状、广口状或桶状。通常，食细菌性线虫的口腔呈管状或漏斗状等，杂食 / 捕食性线虫的口腔呈广口状或桶状等，植食性线虫的口腔不明显。有的类群线虫口腔具有取食结构（armature）：牙齿（teeth）、小齿（denticles）或者口针（stylet）。其中，植食性线虫口针通常由针腔、针锥部、杆部和基部球组成，针锥部和杆部的比例、基部球的大小及形态是重要的鉴定特征。杂食 / 捕食性线虫的口针称为齿针（odontostylet）。毛刺科线虫的口针向腹弯，没有基部球，称为瘤针（onchiostyle）。

2. 头部（唇区）

线虫的头部（唇区）位于虫体最前端，通常由 6 个唇瓣组成，整体呈圆形、球形或帽状等，根据与虫体是否具有明显界限可分为缢缩、略缢缩和不缢缩。有的线虫类群头部具有半球形、刚毛形、圆锥形、双角形、分叉形等形状的唇突起物（labial probolae）和头突起物（cephalic probolae）（图 2–3）。

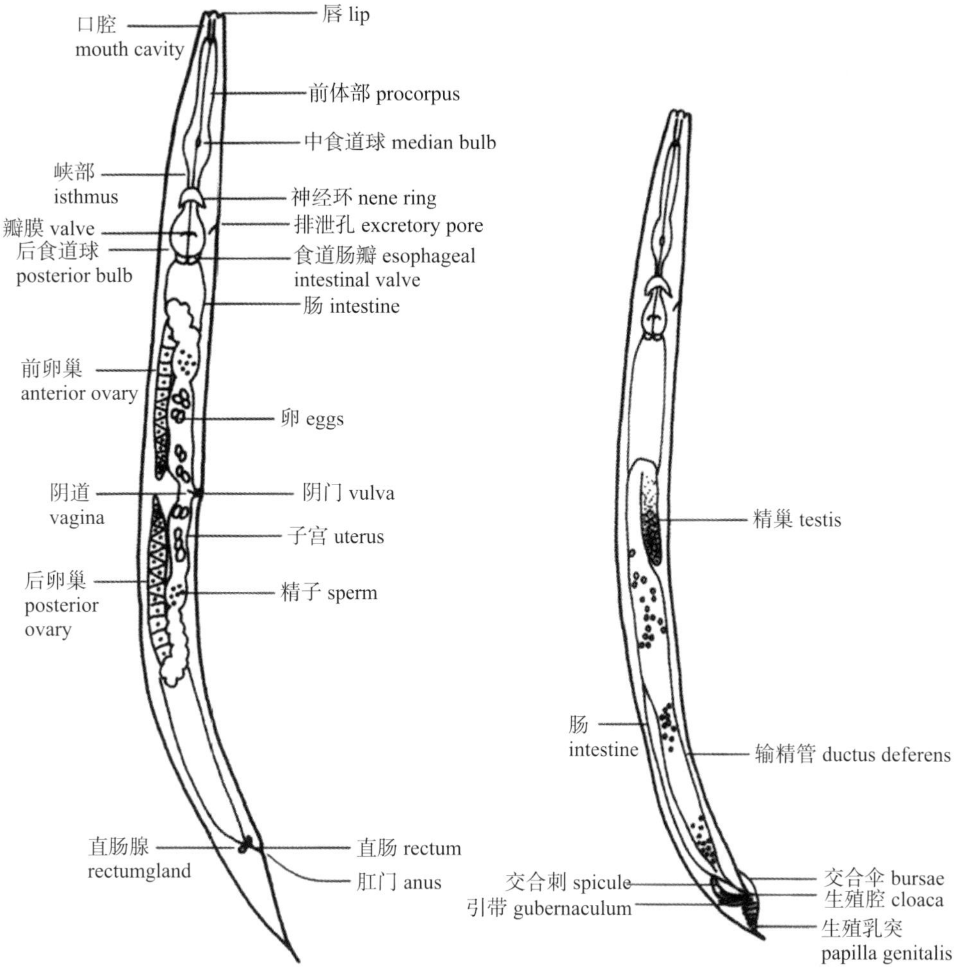

图 2-2　土壤线虫雌虫（左）和雄虫（右）的主要形态学特征

注：引自张晓珂等，2013。

3. 食道

土壤线虫的食道属于消化系统的一部分，不同类群的线虫食道结构差异大，通常可分为 7 种类型（刘维志，2004；谢辉，2005）（图 2-4）。

（1）单齿型食道（Monochoid esophagus）

整个食道呈长管状，无中食道球，前体部和后体部分界不明显。捕食性线虫食道通常为该种类型。

（2）矛线型食道（Dorylaimoid esophagus）

矛线目（Dorylaimida）特有的食道类型，食道前体部圆柱形、较细长，食道

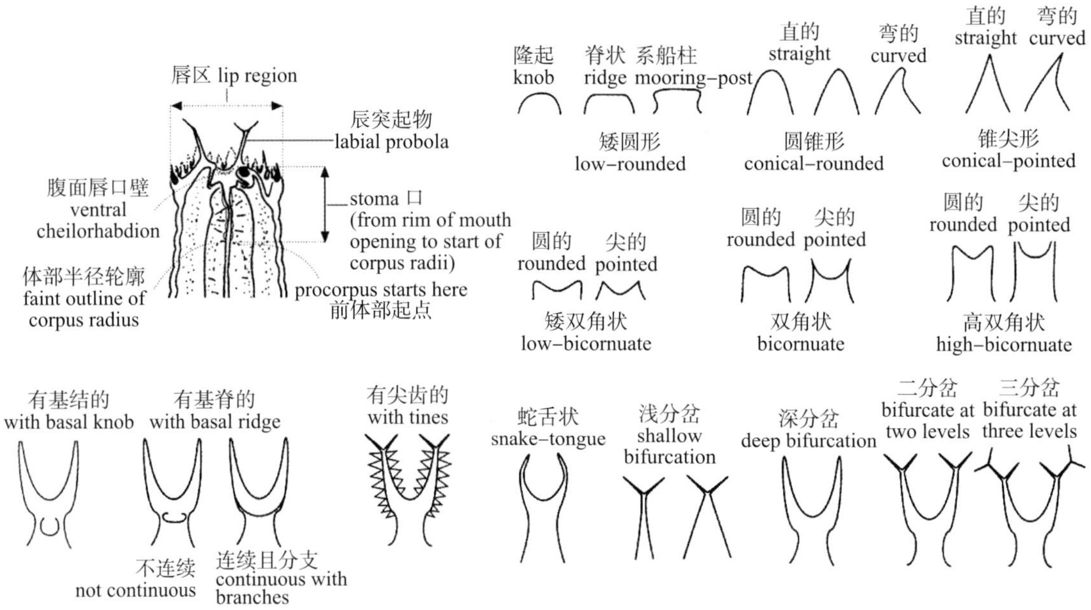

图 2-3　小杆目头叶总科线虫头部和唇突起物形态种类示意图

注：引自张晓珂等，2013；Holovachov et al，2009。

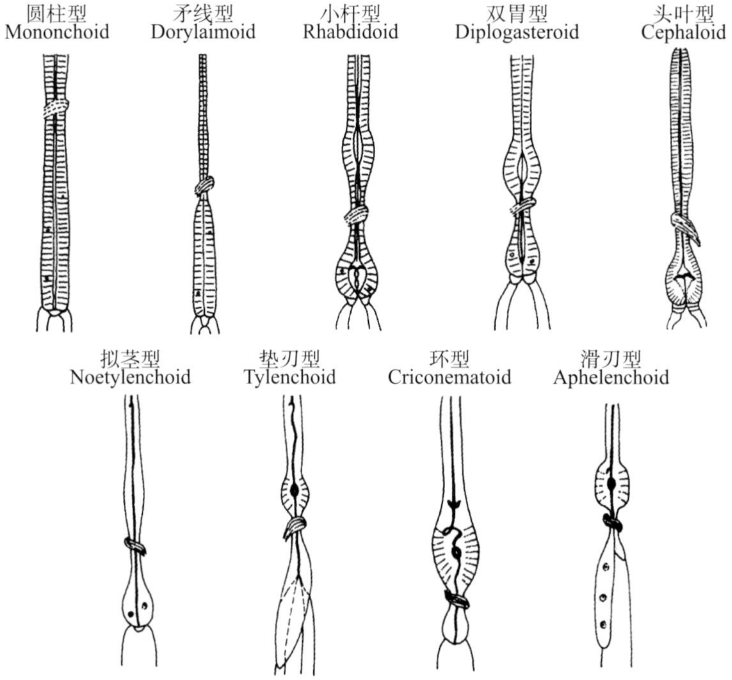

图 2-4　土壤线虫不同类型食道的形态

注：引自张晓珂等，2013。

后体部不同程度膨大。

（3）小杆型食道（Rhabdidoid esophagus）

小杆目（Rhabditida）特有的食道类型，前体部较细，中部略膨大呈近圆形，内壁不骨化，前体部和后体部之间明显变细为峡部，后体部膨大呈球形，内壁骨化。

（4）双胃型食道（Diplogasteroid esophagus）

双胃目（Diplogatrida）特有的食道类型，结构与小杆型的相似，但其中部内壁骨化。

（5）头叶型食道（Cephaloid esophagus）

与小杆型食道结构相似，但中部不膨大，只分为前体部和后体部，后体部内壁骨化。

（6）垫刃型食道（Tylenchoid esophagus）

食道分为前体部、中食道球、峡部和后食道腺，背食道腺开口位于口针基部球附近，亚腹食道腺开口位于中食道球内，后食道腺不覆盖或不同程度覆盖肠。中食道球无骨化瓣的称为拟茎形食道。食道前体部粗短，后体部退化的称为环型食道，为环总科线虫具有的食道类型。

（7）滑刃型食道（Aphelenchoid esophagus）

整体结构与垫刃型食道相似，但背食道腺开口和亚腹食道腺开口均位于中食道球内，一般中食道球呈卵圆形，比垫刃型的大。

4. 牙齿

单齿目（Mononchida）单齿科（Mononchidae）线虫的口具有骨化的牙齿，牙齿大小、形态、在口腔的位置和口腔壁有无锉齿区等是该类线虫的重要鉴定特征（图 2–5）。

5. 生殖系统

（1）雌虫生殖系统

雌虫的生殖系统一般由卵巢、输卵管、受精囊、子宫、阴道和阴门组成（图 2–2）。具有两条发育完整的生殖腺的称为双生殖腺，只有一条生殖腺发育完整，而另一条不同程度退化或无的称为单生殖腺。双生殖腺均对伸，而单生殖腺可分为前伸单生殖腺和后伸单生殖腺两类。卵巢可舒展或回折，有的类群输卵管和受精囊不明显，子宫可以是一个囊状，也可以分化出特化结构，阴道可向前或向后倾斜，也可与虫体呈垂直角度，有的类群阴门具有骨化瓣，阴门还可凸出虫体表面。

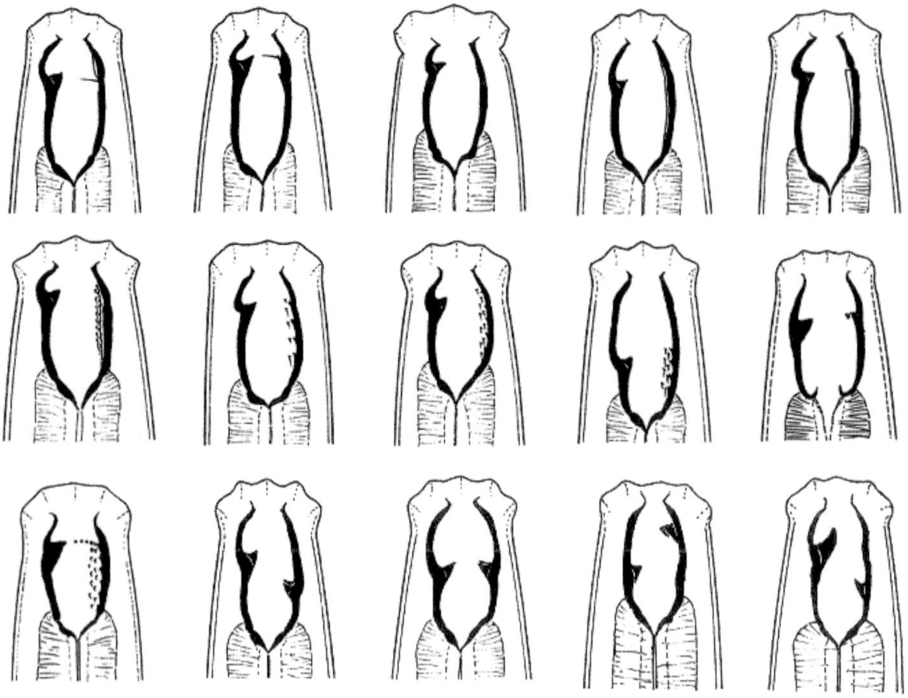

图 2-5　单齿目单齿科线虫部分属的牙齿形态

注：修改自 Andrássy，2009。

（2）雄虫生殖系统

雄虫生殖系统一般由精巢、贮精囊、输精管、泄殖孔和交合刺组成，有的类群还有引带、交合伞、生殖乳突（图 2-2）。不同类群线虫的交合刺形态结构不同，有玫瑰刺状、新月状、镰刀状和钩状等。交合伞的形态、有无和其与尾的关系（例如是否伸至尾末端或尾中部等）是重要的形态学鉴定特征。

6. 尾部

线虫肛门之后的虫体部分称为尾部。尾部形态多变，不同的种类尾部形态不同，有的种类幼虫和成虫的尾部形态存在差异，有的种类的雌虫和雄虫尾部形态也不同。线虫的尾部有半球形、指状、圆锥形、圆柱形、长圆锥形和丝状等，直、向腹弯或向背弯。尾部末端有尖、细尖、钝圆、平、有环纹等形态，有的种类还具有尾突、尾尖突或透明区等。

第三节　土壤线虫的生态学研究方法

一、土壤线虫生活史多样性

土壤线虫根据生活策略方式可分为 r– 策略者和 K– 策略者（Bongers, 1990），r– 策略者具有较高的繁殖能力、较短的世代周期，可产较多的卵，而 K– 策略者的繁殖力较低、世代周期较长、卵较少。陆地和淡水线虫被划分为从 r– 策略者向 K– 策略者过渡的 5 个 c–p（colonizer–persister）类群，各个 c–p 类群的主要特征及种类见表 2–1。

表 2–1　土壤线虫 5 个 c–p 类群的主要特征及种类

类群	世代周期	繁殖能力	环境敏感性	主要线虫种类
c–p 1	短	高，产卵量大	低	小杆类、双胃类、盆咽类等
c–p 2	短	高	较低	垫刃类（取食表皮细胞）、滑刃类、粒科、头叶科、绕线科、单宫科等
c–p 3	较长	较低	较高	畸头类、窄咽目、色矛目、垫刃类（取食根细胞）、膜皮类、三孔类
c–p 4	长	较低	敏感	小型矛线目和大型非矛线目
c–p 5	长	低	非常敏感	大型矛线目

根据研究和实验经验，不同种类线虫被赋予了相应的 c–p 值（附表 1），在此基础上，用自由生活线虫成熟度指数（maturity index，*MI*）和植物寄生线虫成熟度指数（plant parasite index，*PPI*）可评价土壤线虫对外界扰动的响应，计算公式分别为：

$$MI = \sum v(i) \cdot f(i)$$

$$PPI = \sum v(i) \cdot f'(i)$$

其中，$v(i)$ 为第 i 个分类单元被赋予的 c–p 值，$f(i)$ 为除了植物寄生线虫和二龄幼虫之外的自由生活线虫科 / 属在整个线虫种群中所占的比例，$f'(i)$ 为植物寄生线虫科 / 属在整个线虫种群中所占的比例（Bongers，1990）。较低的成熟度指数表明土壤养分呈富集状态，主要表现为 c–p 1 的线虫占优势，或是土壤环境处于受胁迫状态，主要表现为 c–p 3~5 的线虫数量减少。

二、土壤线虫功能多样性

根据线虫营养类群的划分，采用结构指数（Structure Index，*SI*）、富集指数（Enrichment Index，*EI*）、线虫通路比值（Nematode Channel Ratio，*NCR*）、线虫营养多样性指数（Trophic diversity，*TD*）等评价土壤食物网和土壤生态系统能流途径，计算公式分别为：

$SI = 100 \cdot s/(s+b)$

$EI = 100 \cdot e/(e+b)$

$NCR = B/(B+F)$

$TD = 1/\sum P_i^2$

其中，P_i 为各个营养类群线虫在整个线虫种群中所占的比例。*s* 代表食物网的结构成分，主要指食细菌性线虫、食真菌性线虫和杂食性线虫中 c–p 值为 3~5 的类群，以及捕食性线虫中 c–p 值为 2~5 的类群。*b* 为食物网中的基础成分，主要指食细菌性线虫和食真菌性线虫中 c–p 值为 2 的类群。*e* 为食物网中的富集成分，主要指食细菌性线虫中 c–p 值为 1 和食真菌性线虫中 c–p 值为 2 的类群。*B* 为食细菌性线虫占线虫总数的相对多度，*F* 为食真菌性线虫占线虫总数的相对多度。*TD* 值越大，表明线虫食性多样性越高。*NCR* 的值在 1（分解过程完全由细菌控制）和 0（分解过程完全由真菌控制）之间波动（Yeates，2003）。*SI* 值越高，表明土壤生态系统越不受干扰、越健康。

三、土壤线虫物种多样性

土壤线虫的物种多样性分析有多种生物多样性指数，如香农—威纳指数（Shannon–Weiner Index，*H'*）、均匀度（evenness，*J'*）、辛普森指数（Simpson Index，λ）和丰富度指数（Generic richness，*GR*）等，具体计算公式分别为：

$H' = -\sum P_i \cdot (\ln P_i)$

$J' = H'/\ln(S)$

$\lambda = \sum P_i^2$

$GR = (S-1)/\ln N$

其中，P_i 为第 i 个分类单元在整个线虫种群中所占的比例，*S* 为鉴定到的分类单位的数目，*N* 为鉴定到的线虫个体总数。

第三章 南海诸岛的土壤线虫

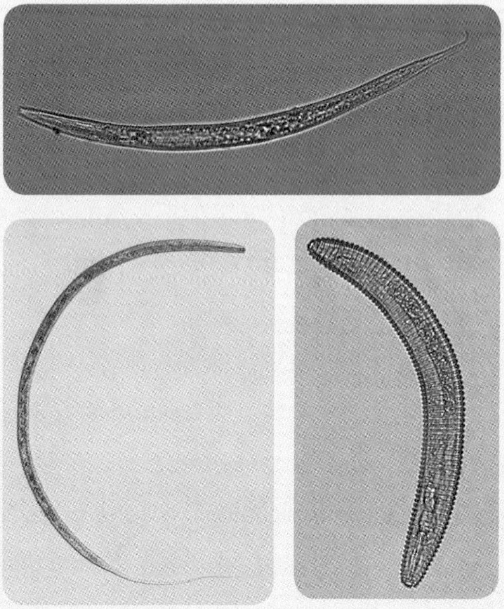

第一节　南海诸岛土壤线虫的种类

通过传统形态分类学方法，对采自南沙岛礁部分岛礁、西沙岛礁的永兴岛和东岛不同植被类型下表层（0~10 cm）的141份土壤样品，进行了土壤线虫形态鉴定。共鉴定到46个土壤线虫属，鉴定到的各个属的c-p值和功能图类型见附表1，各个样品中具体土壤线虫种类详见附表2、附表3，具体食性统计数据详见附表4、附表5。鉴定到的46个属如下。

植食性（13个属）：肾状属（*Rotylenchulus* Linford & Oliverira，1940）、螺旋属（*Helicotylenchus* Steiner，1945）、短体属（*Pratylenchus* Filipjev，1936）、垫刃属（*Tylenchus* Bastian，1865）、杆垫刃属（*Rhabdotylenchus* Xie，Feng，Li & Yin，1994）、根结属（*Meloidogyne* Goeldi，1892）、潜根属（*Hirschmanniella* Luc & Goodey，1964）、纽带属（*Hoplolaimus* von Daday，1905）、中环属（*Mesocriconema* Andrássy，1965）、矮化属（*Tylenchorhynchus* Cobb，1913）、剑属（*Xiphinema* Cobb，1913）、拟毛刺属（*Paratrichodorus* Siddiqi，1974）、针属（*Paratylenchus* Micoletzky，1922）；

食真菌性（4个属）：茎属（*Ditylenchus* Fillipjev，1936）、长尾滑刃属（*Seinura* Fuchs，1931）、真滑刃属（*Aphelenchus* Bastian，1865）、垫咽属（*Tylencholaimus* de Man，1876）；

食细菌性（16个属）：拟丽突属（*Acrobeloides* Cobb，1924）、真头叶属（*Eucephalobus* Steiner，1936）、头叶属（*Cephalobus* Bastian，1865）、假丽突属（*Pseudacrobeles* Steiner，1938）、原杆属（*Protorhabditis* Osche，1952）、杆咽属（*Rhabdolaimus* de Man，1880）、无咽属（*Alaimus* de Man，1880）、地单宫属（*Geomonhystera* Andrássy，1981）、伪双胃属（*Pseudodiplogasteroides* Körner，1954）、棱咽属（*Prismatolaimus* de Man，1880）、真单宫属（*Eumonhystera* Andrássy，1981）、绕线属（*Plectus* Bastian，1865）、丽突属（*Acrobeles* Linstow，1877）、威尔斯属（*Wilsonema* Cobb, 1913）、*Zeldia* Thorne，1937、鹿角唇属（*Cervidellus* Thorne，1937）；

杂食/捕食性（13个属）：距矛属（*Calcaridorylaimus* Andrássy，1986）、中矛属（*Mesodorylaimus* Andrássy，1959）、真矛属（*Eudorylaimus* Andrássy，

1959）、微矛属（*Microdorylaimus* Andrássy，1986）、狭咽属（*Discolaimium* Thorne，1939）、拟垫咽属（*Paratylencholaimus* Wu，Xu & Xie，2019）、无环属（*Aporcella* Andrássy，2002）、锉齿属（*Mylonchulus* Cobb，1916）、*Sporonchulus* Cobb，1917、亚三孔属（*Tripylina* Brzeski，1963）、孔咽属（*Aporcelaimus* Thorne & Swanger，1936）、依龙属（*Ironus* Bastian，1865）、小拱唇属（*Labronemella* Andrássy，1985）。

依据 De Ley（2006）根据 18S rDNA 序列建立的分子分类系统，结合 Andrássy（2009）、Peña-Santiago 和 Álvarez-Ortega（2014）、Peña-Santiago（2014）、Elshishka 等（2015）和 Wu 等（2019）对矛线目线虫分类系统做出的调整，我国热带岛礁的 46 个土壤线虫属所处的分类系统为：

嘴刺纲 Enoplea
　嘴刺亚纲 Enoplia
　　嘴刺目 Enoplida
　　　三孔亚目 Tripylina
　　　　三孔总科 Tripyloidea
　　　　　Trischistomatidae 科
　　　　　　亚三孔属 *Tripylina*
　　　无咽亚目 Alamina
　　　　无咽总科 Alamoidea
　　　　　无咽科 Alaimidae
　　　　　　无咽属 *Alaimus*
　　　依龙亚目 Ironina
　　　　依龙总科 Ironoidea
　　　　　依龙科 Ironidae
　　　　　　依龙属 *Ironus*
　　三矛目 Triplonchida
　　　膜皮亚目 Diphtherophorina
　　　　膜皮总科 Diphtherophoidea
　　　　　毛刺科 Trichodoridae
　　　　　　拟毛刺属 *Paratrichodorus*
　　　Tobrilina 亚目
　　　　棱咽总科 Prismatolaimoidea
　　　　　棱咽科 Prismatolaimidae
　　　　　　棱咽属 *Prismatolaimus*

矛线亚纲 Dorylaimia
矛线目 Dorylaimida
矛线亚目 Dorylaimina
矛线科 Dorylaimidae
距矛属 *Calcaridorylaimus*
中矛属 *Mesodorylaimus*
奎西娅科 Qudsianematidae
真矛属 *Eudorylaimus*
微矛属 *Microdorylaimus*
狭咽属 *Discolaimium*
小拱唇属 *Labronemella*
无环咽科 Aporcelaimidae
无环属 *Aporcella*
孔咽属 *Aporcelaimus*
垫咽科 Tylencholaimidae
垫咽属 *Tylencholaimus*
瘤咽科 Tylencholaimellidae
拟垫咽属 *Paratylencholaimus*
长针科 Longidoridae
剑属 *Xiphinema*
单齿目 Mononchida
单齿总科 Mononchoidea
单齿科 Mononchidae
锉齿属 *Mylonchulus*
Sporonchulus
色矛纲 Chromadorea
色矛亚纲 Chromadoria
小杆目 Rhabditida
垫刃亚目 Tylenchina
头叶总科 Cephaloboidea
头叶科 Cephalobidae
拟丽突属 *Acrobeloides*
真头叶属 *Eucephalobus*
头叶属 *Cephalobus*
假丽突属 *Pseudacrobeles*
丽突属 *Acrobeles*

Zeldia

鹿角唇属 *Cervidellus*

环总科 Criconematoidea

环科 Criconematidae

中环属 *Mesocriconema*

针属 *Paratylenchus*

垫刃科 Tylenchiulidae

垫刃属 *Tylenchus*

杆垫刃属 *Rhabdotylenchus*

Sphaerularioidea 总科

粒科 Anguinidae

茎属 *Ditylenchus*

垫刃总科 Tylenchoidea

纽带科 Hoplolaimidae

肾状属 *Rotylenchulus*

螺旋属 *Helicotylenchus*

纽带属 *Hoplolaimus*

异皮科 Heteroderidae

根结属 *Meloidogyne*

短体科 Pratylenchidae

短体属 *Pratylenchus*

潜根属 *Hirschmanniella*

锥科 Dolichodoridae

矮化属 *Tylenchorhynchus*

滑刃总科 Aphelenchoidea

真滑刃科 Aphelenchidae

真滑刃属 *Aphelenchus*

滑刃科 Aphelenchoididae

长尾滑刃属 *Seinura*

小杆亚目 Rhabditina

双胃总科 Diplogastroidea

伪双胃科 Pseudodiplogasteroididae

伪双胃属 *Pseudodiplogasteroides*

小杆总科 Rhabditoidea

小杆科 Rhabditoidea

原杆属 *Protorhabditis*

绕线目 Plectida
　绕线亚目 Plectina
　　细杆总科 Leptolaimoidea
　　　杆咽科 Rhabdolaimidae
　　　　杆咽属 *Rhabdolaimus*
　　绕线总科 Plectoidea
　　　绕线科 Plectidae
　　　　绕线属 *Plectus*
　　　　威尔斯属 *Wilsonema*
单宫目 Monhysterida
　单宫亚目 Monhysterina
　　单宫总科 Monhysteroidea
　　　单宫科 Monhysteridae
　　　　地单宫属 *Geomonhystera*
　　　　真单宫属 *Eumonhystera*

根据南沙岛礁和西沙岛礁土壤线虫种群的形态学特征，鉴定到的 46 个土壤线虫属的分类检索表如下：

1 取食结构为口针 …… 2
　取食结构不为口针或没有口针 …… 27
2 口针类型为瘤针 …… 拟毛刺属 *Paratrichodorus*
　口针类型不为瘤针 …… 3
3 食道类型为矛线型 …… 4
　食道类型为垫刃型或滑刃型 …… 14
4 齿针非常长，齿托具有显著的凸缘 …… 剑属 *Xiphinema*
　齿针一般长度，齿托不具有显著凸缘 …… 5
5 角质层内层疏松、皱缩，为垫咽型 …… 垫咽属 *Tylencholaimus*
　角质层内层和外层相似，不皱缩 …… 6
6 齿针较细短，唇区呈帽状 …… 拟垫咽属 *Paratylencholaimus*
　齿针较粗长，唇区不呈帽状 …… 7
7 唇区盘状具有小的内唇瓣 …… 小拱唇属 *Labronemella*
　唇区不具有内唇瓣 …… 8
8 阴门不骨化 …… 9
　阴门具有小骨化瓣 …… 10
9 齿针开口大于齿针长度的 1/2，尾短圆锥形 …… 无环属 *Aporcella*
　齿针开口为齿针长度的 1/3~1/2，尾长圆锥形 …… 狭咽属 *Discolaimium*

10　齿针开口大于齿针长度的 1/2 ………………………………… 孔咽属 *Aporcelaimus*
　　齿针开口为齿针长度的 1/3~1/2 ………………………………………………… 11
11　雄虫交合刺末端具有一个小刺（spur）……………………… 距矛属 *Calcaridorylaimus*
　　雄虫交合刺末端不具有小刺 ……………………………………………………… 12
12　雌虫尾不同程度延长至丝状 ………………………………… 中矛属 *Mesodorylaimus*
　　雌虫尾圆锥形，无延长部分 ……………………………………………………… 13
13　虫体体长通常小于 1 mm，食道长约占虫体的 1/3 ………… 微矛属 *Microdorylaimus*
　　虫体体长通常大于 1 mm，食道长小于虫体的 1/3 ………… 真矛属 *Eudorylaimus*
14　食道滑刃型，中食道球大，超过体宽的 3/4 ………………………………………… 15
　　食道垫刃型，中食道球较小，不超过体宽的 3/4 …………………………………… 16
15　雌虫尾短圆锥形，末端宽 ……………………………………… 真滑刃属 *Aphelenchus*
　　雌虫尾长圆锥形，末端尖 ……………………………………… 长尾滑刃属 *Seinura*
16　食道前体部与中食道球融合 ……………………………………………………… 17
　　食道前体部不与中食道球融合 ……………………………………………………… 18
17　体环非常显著……………………………………………………… 中环属 *Mesocriconema*
　　体环不显著，呈环纹 ………………………………………………… 针属 *Paratylenchus*
18　幼虫尾有带缺刻的透明区，雄虫无交合伞 ……………………… 根结属 *Meloidogyne*
　　幼虫尾无透明区，雄虫有交合伞 …………………………………………………… 19
19　口针细小，头架骨化弱，雌虫单生殖腺 …………………………………………… 20
　　口针和头架较发达，雌虫双生殖腺 ………………………………………………… 22
17　尾部呈圆锥形至圆柱形，不延长 …………………………………… 茎属 *Ditylenchus*
　　尾部渐变成丝状 ……………………………………………………………………… 21
21　尾末端平截并有一个凹痕 …………………………………… 杆垫刃属 *Rhabdotylenchus*
　　尾末端尖细 ……………………………………………………………… 垫刃属 *Tylenchus*
22　头部高度小于直径的 1/2，口针长度小于头部直径的 2.5 倍…………………… 23
　　头部高度大于直径的 1/2，口针长度大于头部直径的 2.5 倍…………………… 24
23　食道腹面短覆盖肠，雄虫交合伞伸达尾端 …………………… 短体属 *Pratylenchus*
　　食道腹面长覆盖肠，雄虫交合伞不伸达尾端 ………………… 潜根属 *Hirschmanniella*
24　尾圆锥形，一般不超过肛门处体宽的 2 倍长 ……………………………………… 25
　　尾圆锥形，为肛门处体宽 2 倍以上长 ……………………… 矮化属 *Tylenchorhynchus*
25　尾长圆锥形，食道腺从侧面长覆盖肠 ………………………… 肾状属 *Rotylenchulus*
　　尾短圆锥形，食道腺从 2 个方面覆盖肠 …………………………………………… 26
26　尾两侧不对称，食道腺背覆盖肠、腹面长覆盖 ………………… 螺旋属 *Helicotylenchus*
　　尾两侧对称，食道腺背侧覆盖肠 ………………………………… 纽带属 *Hoplolaimus*
27　口腔内具有齿…………………………………………………………………………… 28
　　口腔内不具有齿 ……………………………………………………………………… 30

28 口腔呈显著漏斗状 ………………………………………………………………………… 29
口腔窄圆柱形 ………………………………………………………………… 依龙属 *Ironus*
29 背齿位于口腔前部，相对位置具有锉齿区 ……………………… 锉齿属 *Mylonchulus*
背齿位于口腔前部或中部，无锉齿区，亚腹面有 4 列小齿 …………… *Sporonchulus*
30 颈部角质层剧烈膨大，前端呈扇形 …………………………………威尔斯属 *Wilsonema*
颈部角质层不膨大 …………………………………………………………………………… 31
31 头部具有刚毛…………………………………………………………………………………… 32
头部无刚毛 ……………………………………………………………………………………… 36
32 口腔非常窄，不明显 ………………………………………………… 亚三孔属 *Tripylina*
口腔明显，呈直筒状或漏斗状 …………………………………………………………… 33
33 刚毛较短小，侧器螺旋形至开放圆形 …………………………………… 绕线属 *Plectus*
刚毛长，侧器不呈螺旋形 ………………………………………………………………… 34
34 侧器横向卵圆形…………………………………………………… 棱咽属 *Prismatolaimus*
侧器圆形，大 …………………………………………………………………………………… 35
35 阴门和肛门距离非常短，直肠长且强肌肉化 ……………… 地单宫属 *Geomonhystera*
阴门较靠近体中部，直肠短且非肌肉化 …………………… 真单宫属 *Eumonhystera*
36 头部无唇突起物和头突起物 …………………………………………………………… 37
头部有唇突起物和头突起物 ……………………………………………………………… 40
37 雌虫后伸单生殖腺 …………………………………………………… 无咽属 *Alaimus*
雌虫双生殖腺 ……………………………………………………………………………… 38
38 食道具有中食道球，中食道球具有新月形的瓣 …… 伪双胃属 *Pseudodiplogasteroides*
食道不具有骨化的中食道球 ……………………………………………………………… 39
39 口细长管状………………………………………………………… 杆咽属 *Rhabdolaimus*
口较宽，直筒状 ………………………………………………… 原杆属 *Protorhabditis*
40 雌虫尾长圆锥形至丝状 ……………………………………… 假丽突属 *Pseudacrobeles*
雌虫尾圆锥形，较短 ……………………………………………………………………… 41
41 唇突起物长，具有分叉 …………………………………………………………………… 42
唇突起物较短，不具有分叉 ……………………………………………………………… 43
42 唇突起物大，显著二分叉并具有至少 7 对三角形的小刺 ………… 丽突属 *Acrobeles*
唇突起物较细，二分叉，常有二级分叉 …………………… 鹿角唇属 *Cervidellus*
43 雌虫尾末端钝或细圆，无尾尖突 ………………………………………………………… 44
雌虫尾末端具有钉钩状尾尖突 …………………………………………………………… 45
44 角质层环纹细，唇突起物低圆，圆锥形或长圆锥形 ………… 拟丽突属 *Acrobeloides*
角质层环纹明显，唇突起物圆形或略二分叉形 ……………………………… *Zeldia*
45 唇突起物新月形，不明显 …………………………………… 真头叶属 *Eucephalobus*
唇突起物低圆 …………………………………………………………… 头叶属 *Cephalobus*

第二节 我国热带珊瑚岛礁土壤线虫的形态特征

1. 肾状属（*Rotylenchulus*，图 3-1）

| **形态特征** | 小杆目，垫刃亚目，纽带科。年轻雌虫热杀死后虫体呈“C”形至螺旋形，成熟雌虫膨大呈肾形。年轻雌虫侧线 4 条，无网格。头部连续，头架骨化显著。口针强壮。食道垫刃型，食道腺从侧面长覆盖肠。雌虫双生殖腺，对伸、转折。尾长圆锥形，有明显的透明端部。雄虫口针和食道退化。尾形与雌虫的相似。交合伞不明显，不完全伸达尾端。

| **食性** | 植食性。

| **分布植被类型** | 南沙岛礁草坪、防风林、公共绿地、行道树、藤本植物。

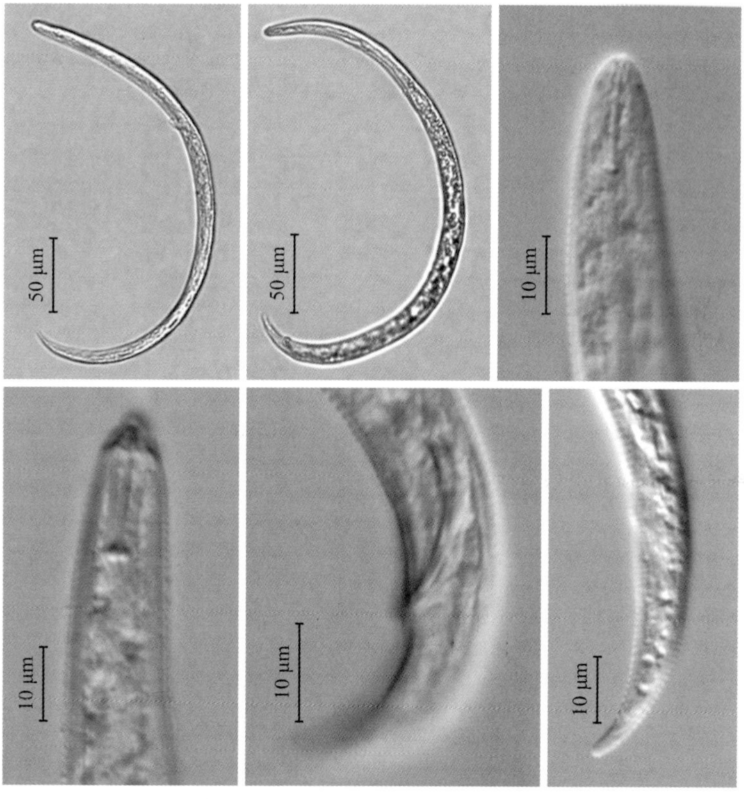

图 3-1 肾状属雌虫和雄虫部分形态学特征光学显微镜图片

2. 螺旋属（*Helicotylenchus*，图 3-2）

｜**形态特征**｜小杆目，垫刃亚目，纽带科。热杀死后虫体呈不同程度螺旋形。侧线 4 条。头部略缢缩，端圆，通常有环纹。食道垫刃型，后食道腺背腹覆盖肠，腹面长覆盖。雌虫双生殖腺，对伸，有时后生殖腺退化为后阴子宫囊，有或无阴门盖或阴门膜。尾部不对称圆锥形，背弯弧大，有或无末端腹突，尾长不超过肛门处体宽的 2.5 倍。雄虫交合伞伸达尾端。

｜**食性**｜植食性。

｜**分布植被类型**｜南沙岛礁草坪、防风林；西沙岛礁永兴岛原生植被、孪花蟛蜞菊轻度入侵样地。

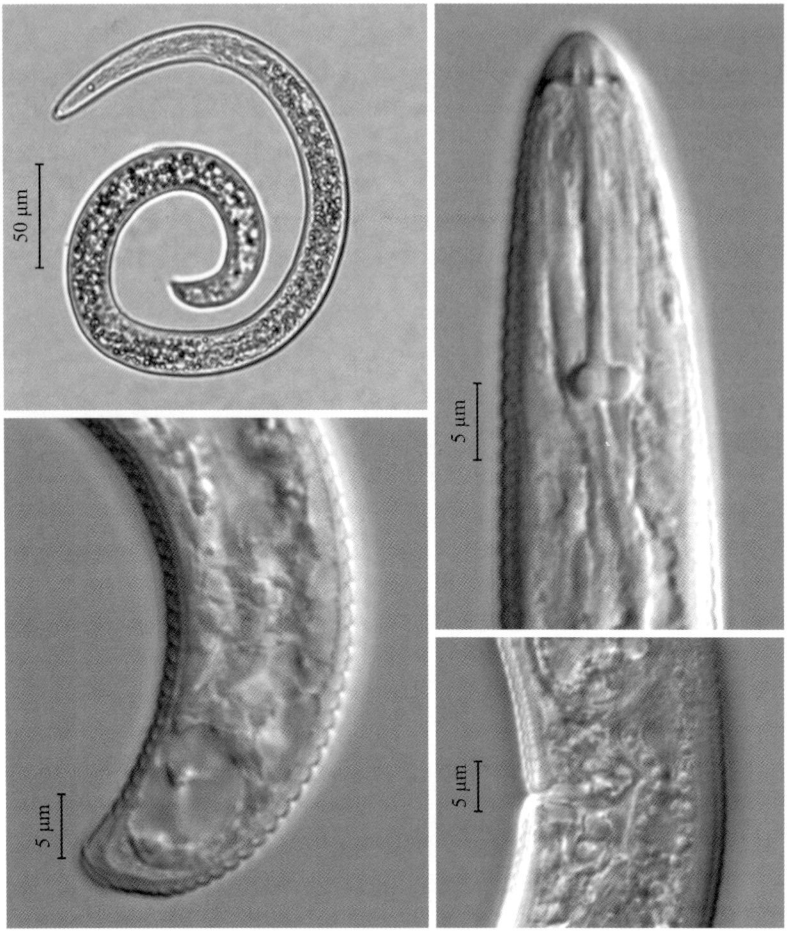

图 3-2　螺旋属雌虫部分形态学特征光学显微镜图片

3. 短体属（*Pratylenchus*，图 3-3）

｜**形态特征**｜小杆目，垫刃亚目，短体科。虫体较粗短。侧线 4 条。头部略缢缩，头架骨化明显，头部低平，通常高度小于头部直径的 1/2。口针粗短，基部球发达。食道垫刃型，食道腺从腹面覆盖肠。雌虫前伸单生殖腺，有后阴子宫囊。尾长为肛门处体宽的 2~3 倍，端钝圆。雄虫交合伞伸达尾端，引带不伸出泄殖腔。

｜**食性**｜植食性。

｜**分布植被类型**｜南沙岛礁草坪、公共绿地、行道树；西沙岛礁东岛原生植被、无根藤轻度入侵样地、无根藤重度入侵样地。

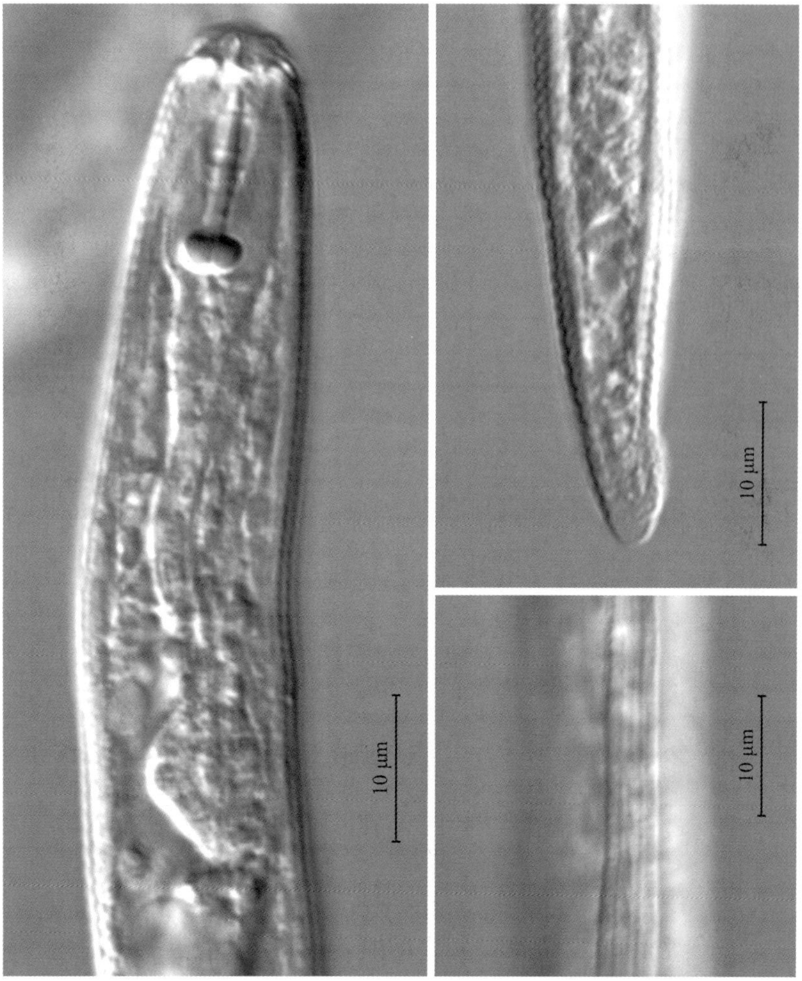

图 3-3　短体属雌虫部分形态学特征光学显微镜图片

4. 垫刃属（*Tylenchus*，图 3-4）

| **形态特征** | 小杆目，垫刃亚目，垫刃科。虫体小到中等，角质层环纹细。侧线 4 条，有时不明显。头部连续，头架弱，端部平圆。侧器纵向裂缝状。口针针锥部约等于杆部，基部球明显，呈凸缘状。食道垫刃型，中食道球纺锤形，具瓣，食道腺梨形或长梨形，不覆盖肠。雌虫前伸单生殖腺，卵母细胞通常单行排列，有或无后阴子宫囊。阴门位于虫体中后部，无阴门侧膜或阴门盖。尾均匀变细，向腹面弯，端尖、细圆或略呈丝状，通常向腹弯成弓状或钩状，有时直。雄虫交合伞不伸达尾端，偶尔不明显，交合刺向腹面弯成弓状。

| **食性** | 植食性。

| **分布植被类型** | 南沙岛礁草坪、防风林、公共绿地、行道树、防风固沙绿地、客土堆；西沙岛礁永兴岛原生植被、孪花蟛蜞菊轻度入侵样地、孪花蟛蜞菊重度入侵样地；西沙岛礁东岛无根藤轻度入侵样地、无根藤重度入侵样地、飞机草轻度入侵样地、飞机草重度入侵样地。

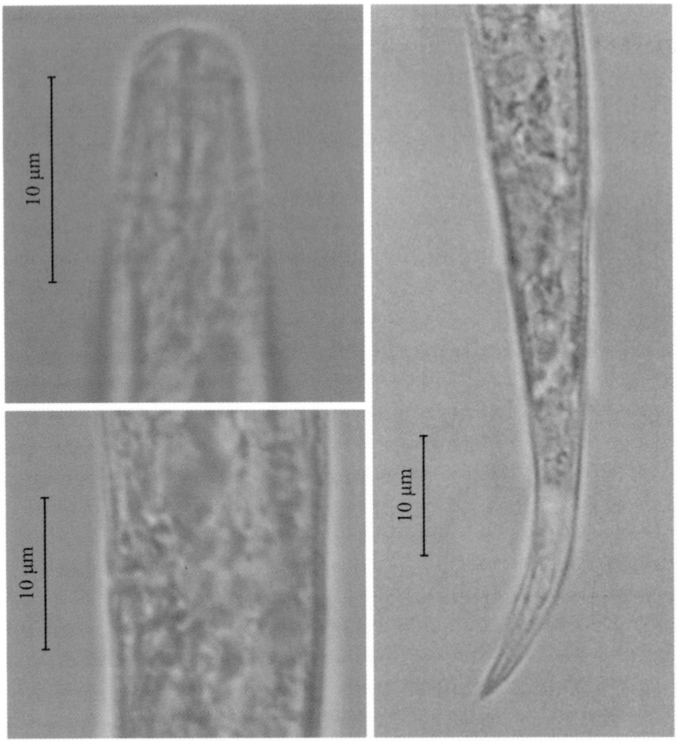

图 3-4　垫刃属雌虫部分形态学特征光学显微镜图片

5. 杆垫刃属（*Rhabdotylenchus*，图 3-5）

｜**形态特征**｜小杆目，垫刃亚目，垫刃科。虫体经热杀死后略向腹弯或略呈波浪状。角质层环纹细。侧线 4 条。头部明显缢缩，头架中等硬化，与头部相连的第一个体环角质层增厚，明显宽于其他体环。口针中等强壮，口针针锥部小于口针长的 1/2，具有基部球。食道垫刃型，中食道球明显，具瓣，食道腺梨形或长瓶形，不覆盖肠。雌虫前伸单生殖腺，有后阴子宫囊。阴门位于虫体后部。尾部粗短，直或略向腹弯，尾前部渐变细，中后部呈杆状，尾端平截并有一个凹痕。雄虫单精巢，交合刺弓状，交合伞小、不伸达尾端。

｜**食性**｜植食性。

｜**分布植被类型**｜南沙岛礁行道树。

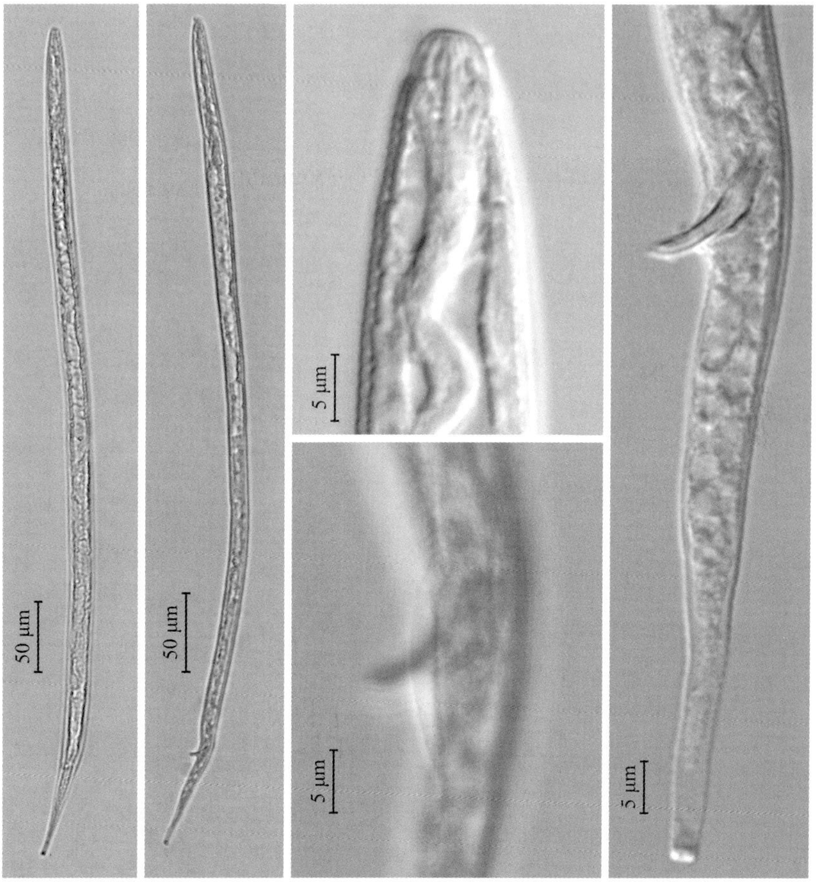

图 3-5 杆垫刃属雌虫和雄虫部分形态学特征光学显微镜图片

6. 根结属（*Meloidogyne*，图 3-6）

｜**形态特征**｜小杆目，垫刃亚目，异皮科。雌雄虫异形，雌虫膨大呈球状，具有突出的颈，雄虫和幼虫蠕虫形。雌虫头架弱，口针粗，针锥部长为口针长的1/2，背食道腺开口紧靠口针基部球之后，中食道球大，食道腺腹侧覆盖肠，阴门位于体末端或近末端，会阴部有指纹状花纹，双生殖腺。雄虫头部和口针强壮，食道峡部粗短。泄殖腔口位于虫体近末端或末端，无交合伞。2 龄幼虫尾呈圆锥形，头架和口针细弱，尾部末端有透明部。

｜**食性**｜植食性。

｜**分布植被类型**｜南沙岛礁防风固沙绿地、公共绿地、行道树、防风林、草坪；西沙岛礁永兴岛原生植被、李花蟛蜞菊重度入侵样地；西沙岛礁东岛原生植被、无根藤轻度入侵样地、无根藤重度入侵样地、飞机草轻度入侵样地、飞机草重度入侵样地。

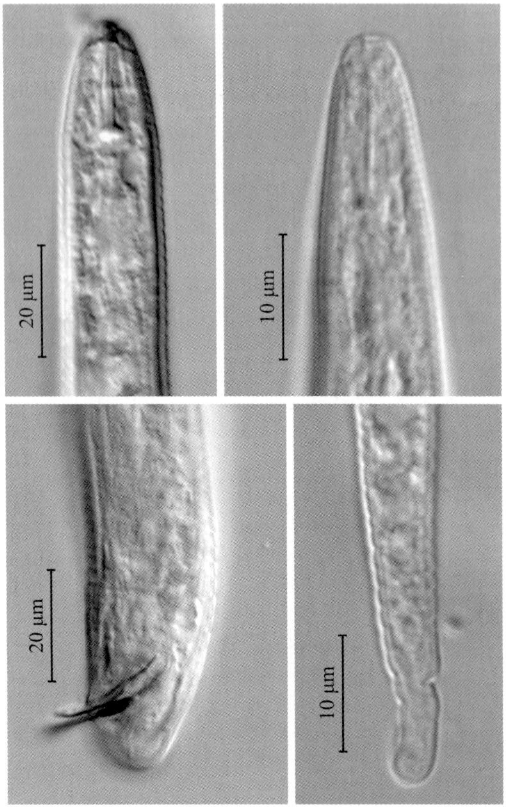

图 3-6　根结属雄虫和幼虫部分形态学特征光学显微镜图片

7. 潜根属（*Hirschmanniella*，图 3-7）

｜**形态特征**｜小杆目，垫刃亚目，短体科。虫体较长，侧线 4 条，通常部分侧区形成网格。头部较高呈半球形或低，端平，不缢缩，头骨架显著，有环纹。口针强壮，基部球大。食道垫刃型，中食道球发达，后食道球细长叶状，从腹面长覆盖肠。雌虫双生殖腺，对伸。尾长圆锥形，长度大于肛门处体宽的 3 倍，末端尖或有尾尖突。雄虫交合伞通常伸至尾部的 2/3 处，尾形与雌虫的相似。

｜**食性**｜植食性。

｜**分布植被类型**｜南沙岛礁防风固沙绿地。

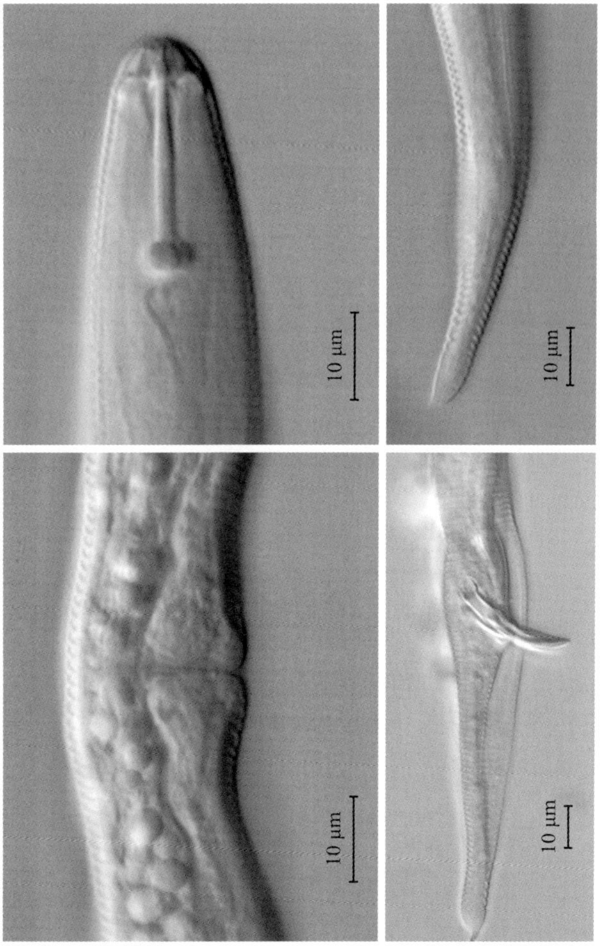

图 3-7　潜根属雌虫和雄虫部分形态学特征光学显微镜图片

8. 纽带属（*Hoplolaimus*，图 3-8）

| **形态特征** | 小杆目，垫刃亚目，纽带科。虫体通常直或向腹弯，略呈螺旋形。侧线 4 条，一般在侧尾腺口处或体前部形成网格。头部高，显著缢缩，头环明显，有纵纹，头架骨化强。口针强壮，基部球发达，呈郁金香形或锚状。食道垫刃型，食道腺背侧覆盖肠。雌虫双生殖腺，对伸。尾短、圆，侧尾腺口大、呈盾状，位置不定，位于肛门前或阴门前虫体两侧、不对称。雄虫交合伞伸达尾端，尾呈圆锥形。

| **食性** | 植食性。

| **分布植被类型** | 南沙岛礁豆科植物；西沙岛礁永兴岛孪花蟛蜞菊重度入侵样地。

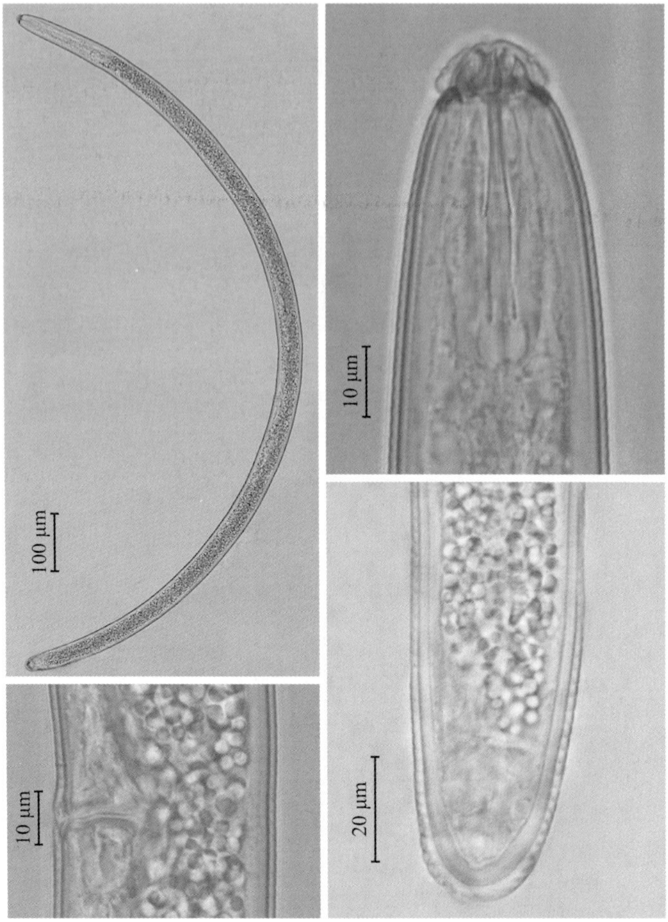

图 3-8　纽带属雌虫部分形态学特征光学显微镜图片

9. 中环属（*Mesocriconema*，图 3-9）

｜**形态特征**｜小杆目，垫刃亚目，环科。虫体粗壮，雌虫体环略向后弯，环后缘光滑。头部不缢缩，头环 2 或 3 个。口针粗大，基部球锚状。食道环型，食道前体部宽，与中食道球融合，峡部不与后食道腺融合，后食道腺窄于中食道球，不覆盖肠。阴门开，前阴唇通常呈裂片状。雄虫细长，侧线 2~4 条。交合伞通常伸达尾尖。雌虫尾通常粗，末端钝圆或细圆，雄虫尾圆或弓形。

｜**食性**｜植食性。

｜**分布植被类型**｜南沙岛礁草坪；西沙岛礁永兴岛孪花蟛蜞菊重度入侵样地。

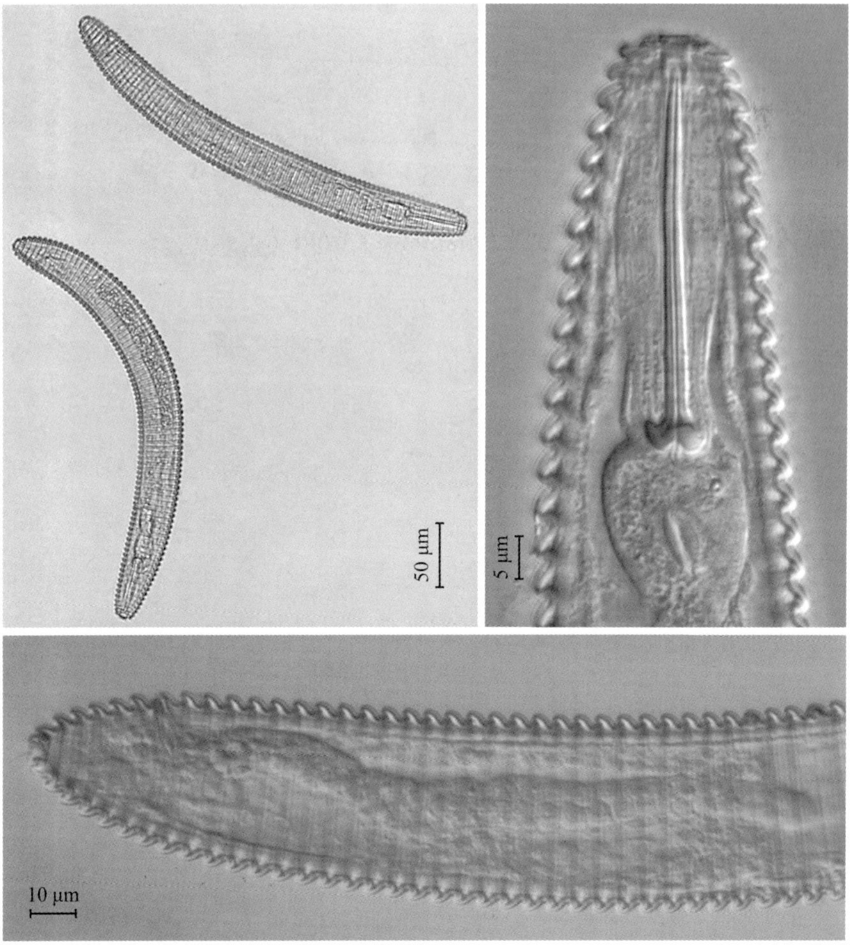

图 3-9　中环属雌虫部分形态学特征光学显微镜图片

10. 针属（*Paratylenchus*，图 3-10）

｜形态特征｜小杆目，垫刃亚目，环科。虫体非常细小，虫体长度通常小于 0.5 mm。雌虫蠕虫形，头部钝圆，头骨架弱。唇区窄，不缢缩。角质层具有细环纹，侧线 2~4 条。口针细长，不弯曲，针锥部显著长于杆部和基部球的总长度，基部球圆。排泄孔位于神经环和贲门之间。食道环型，前体部宽，与中食道球融合，峡部与后食道腺具有分界。雌虫前伸单生殖腺，卵巢伸展，无后阴子宫囊。阴门有或无侧膜。雄虫虫体一般比雌虫的细，口针退化或缺，食道退化，无交合伞。

｜食性｜植食性。

｜分布植被类型｜西沙岛礁永兴岛原生植被、李花蟛蜞菊轻度入侵样地、李花蟛蜞菊重度入侵样地；西沙岛礁东岛原生植被、无根藤轻度入侵样地、无根藤重度入侵样地、飞机草轻度入侵样地、飞机草重度入侵样地。

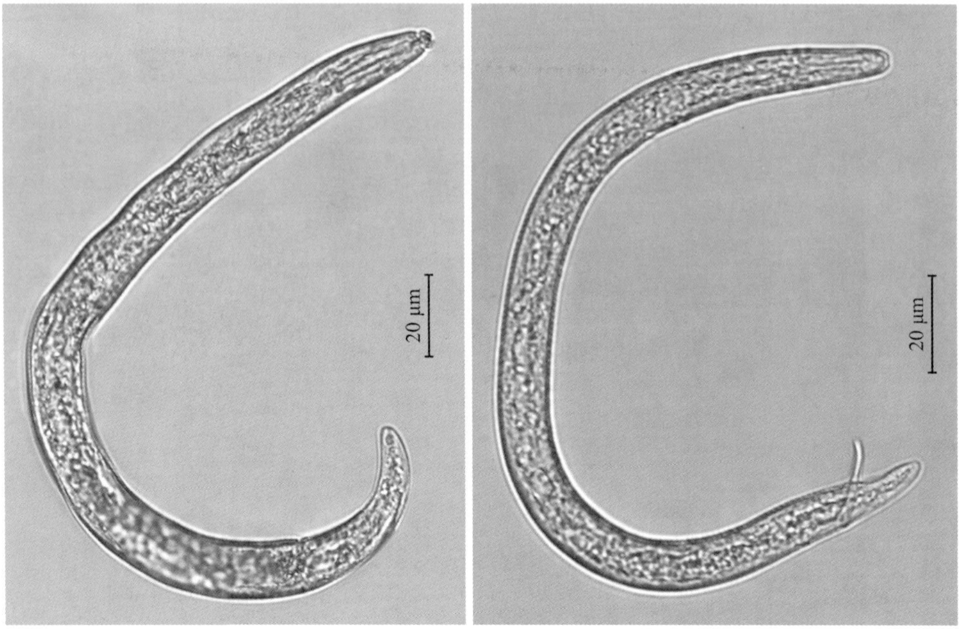

图 3-10　针属雌虫（左）和雄虫（右）整体形态学特征光学显微镜图片

11. 矮化属（*Tylenchorhynchus*，图 3-11）

|形态特征|小杆目，垫刃亚目，锥科。虫体中等大小，角质层具有环纹，偶尔有纵脊，侧线 2~5 条，侧区偶尔有网格，虫体有时有纵脊。头部高圆，连续或略缢缩，头骨架弱到中等。口针针锥部长约等于杆部，口针基部球明显。食道垫刃型，中食道球明显，食道腺梨形或长梨形，通常不覆盖肠或略从背侧覆盖肠。雌虫双生殖腺，尾圆锥形到近圆柱形，末端角质层增厚，尾长为肛门处体宽的 2~4 倍。雄虫交合刺末端带凸缘，交合伞伸达尾端。

|食性|植食性。

|分布植被类型|南沙岛礁行道树、草坪、客土堆；西沙岛礁永兴岛原生植被、李花蟛蜞菊轻度入侵样地、李花蟛蜞菊重度入侵样地；西沙岛礁东岛原生植被、无根藤轻度入侵样地、无根藤重度入侵样地、飞机草轻度入侵样地、飞机草重度入侵样地。

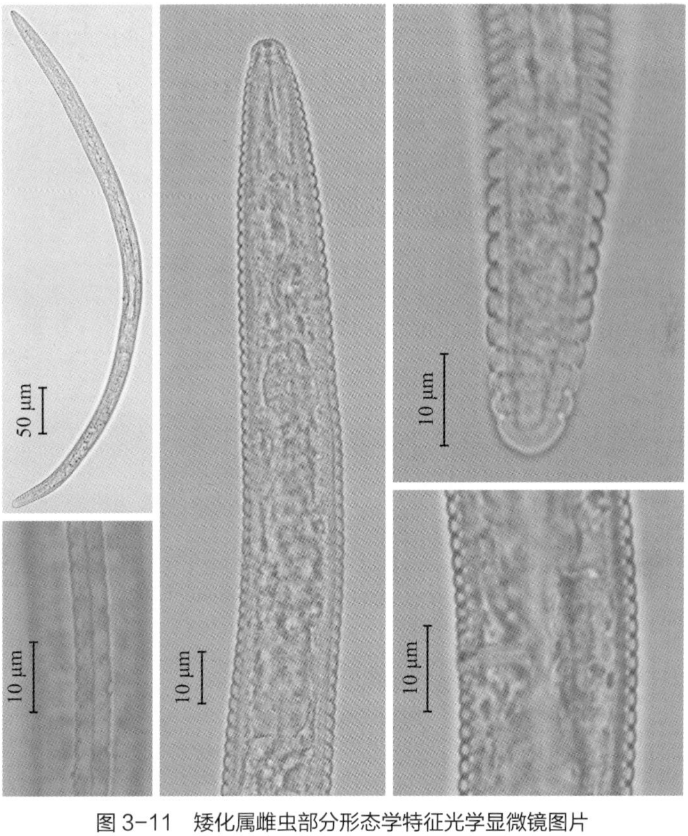

图 3-11 矮化属雌虫部分形态学特征光学显微镜图片

12. 剑属（*Xiphinema*，图 3-12）

｜形态特征｜矛线目，矛线亚目，长针科。虫体粗长，热杀死后虫体直至略向腹弯呈“C”形、开螺旋形。头部圆，连续或略缢缩。侧器口宽裂缝状，侧器囊倒马镫形或漏斗形。齿针细长，针状，高度硬化，齿针基部呈叉状，齿托基部呈显著的凸缘状。导环双环，位于齿针后部，后环高度硬化。食道矛线型，食道后部膨大呈长瓶形。雌虫生殖腺类型有 4 种：前后生殖腺均发育完整的双生殖腺、前生殖腺退化但结构尚完整的双生殖腺、前生殖腺退化且结构不完整的假单生殖腺和没有前生殖腺的后伸单生殖腺。南沙岛礁的种群雌虫生殖腺为前后生殖腺均发育完整的双生殖腺。尾部半球形至短圆锥形，有或无指状尾突。雄虫交合刺矛线型、粗壮，有不超过 7 对腹面生殖乳突。

｜食性｜植食性。

｜分布植被类型｜南沙岛礁草坪、行道树；西沙岛礁永兴岛原生植被、李花蟛蜞菊轻度入侵样地、李花蟛蜞菊重度入侵样地；西沙岛礁东岛原生植被、无根藤轻度入侵样地、无根藤重度入侵样地、飞机草轻度入侵样地、飞机草重度入侵样地。

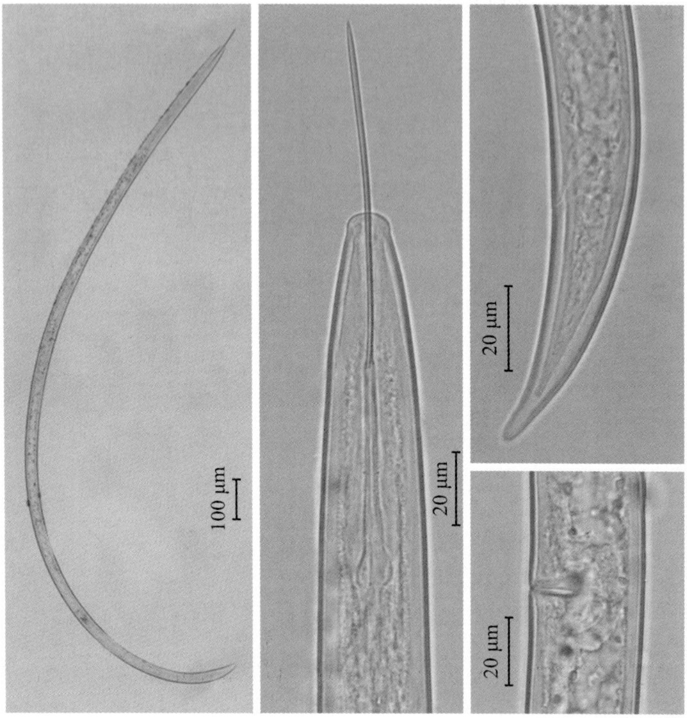

图 3-12　剑属雌虫部分形态学特征光学显微镜图片

13. 拟毛刺属（*Paratrichodorus*，图 3-13）

｜**形态特征**｜三矛目，膜皮亚目，毛刺科。热杀死后虫体微直或略向腹弯，角质层明显膨胀。瘤针向腹弯，无基部球，单导环。食道分为两部分，前体细窄，无中食道球，后食道腺膨大成梨形，略覆盖肠。肛门近末端，尾圆。雌虫双生殖腺，阴道长约为体宽的 1/3，阴门孔状、横裂缝状或纵裂缝状，阴门唇瓣略骶或不骨化。雄虫具有交合伞，交合刺直，光滑或具有条纹，有引带，生殖乳突 1~4 个，通常有 2 个位于交合伞范围内。

｜**食性**｜植食性。

｜**分布植被类型**｜南沙岛礁草坪、公共绿地。

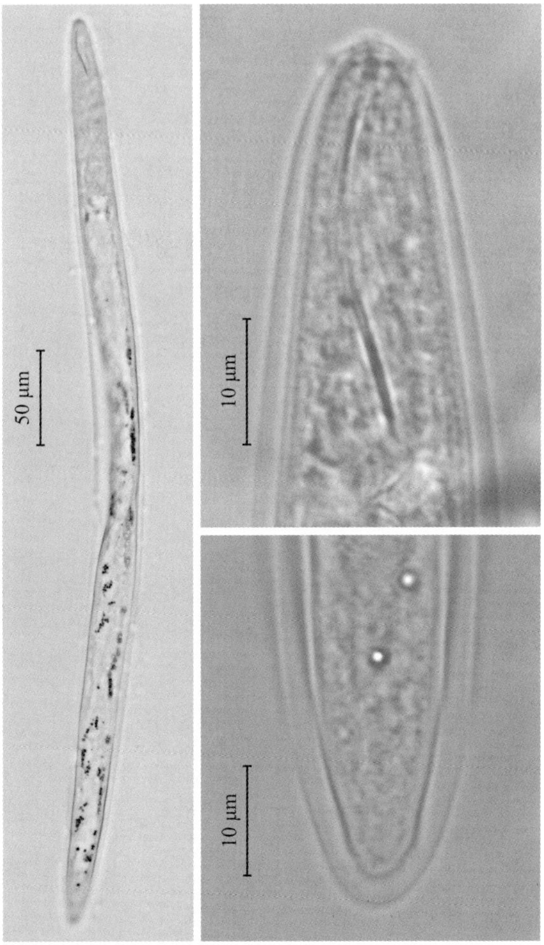

图 3-13 拟毛刺属雌虫部分形态学特征光学显微镜图片

14. 茎属（*Ditylenchus*，图 3-14）

| **形态特征** | 小杆目，垫刃亚目，粒科。雌虫一般不肥大，角质层环纹细，侧线 4 条。头部连续，头架弱。口针细小。食道垫刃型，中食道球有或无瓣，偶尔无明显的中食道球，峡部与后食道腺之间无缢缩，后食道腺短或长，不覆盖或覆盖肠。雌虫前伸单生殖腺，卵巢短或长，子宫柱状部有 4 排细胞，后阴子宫囊有或无。雄虫精细胞大，交合伞不伸达尾端。尾圆锥形到近柱形，偶尔丝状。

| **食性** | 食真菌性。

| **分布植被类型** | 南沙岛礁草坪；西沙岛礁东岛原生植被。

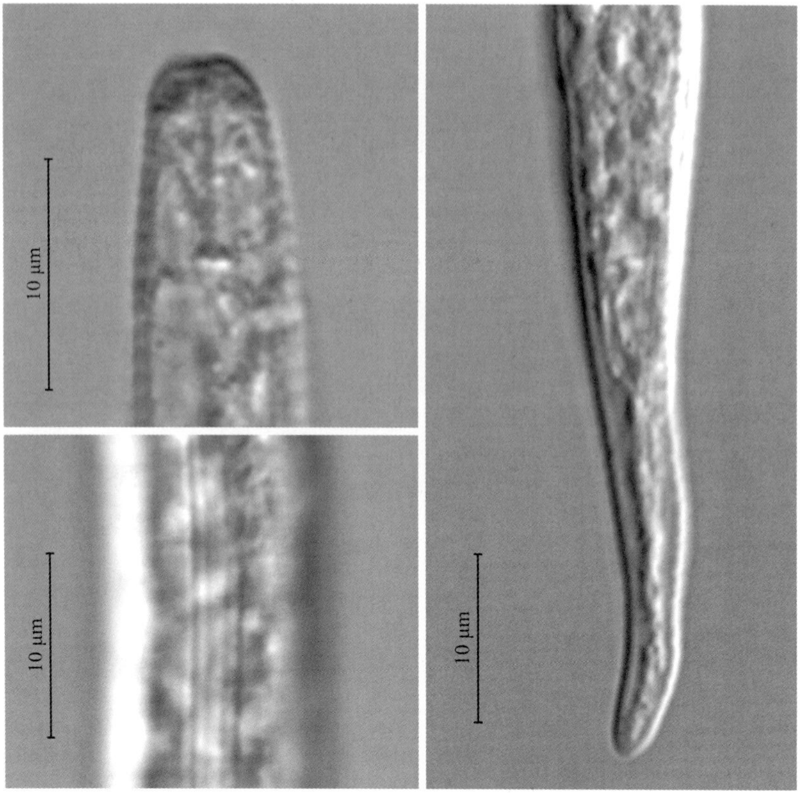

图 3-14　茎属雌虫部分形态学特征光学显微镜图片

15. 长尾滑刃属（*Seinura*，图 3-15）

｜**形态特征**｜小杆目，垫刃亚目，滑刃科。角质层光滑或具有细横纹，侧线 2~5 条。头高，缢缩。口针长为唇宽的 2~3 倍，基部球一般无。中食道球发达，卵圆形到长卵圆形，食道腺为 1 叶或 3 叶。排泄孔紧靠神经环。雌虫前伸单生殖腺，生殖腺舒展，有或无后阴子宫囊。雄虫交合刺发达，滑刃型，无引带。雄虫生殖乳突 3 或 4 对。尾先成圆锥形，后突然变窄，一般呈丝状，末端尖。

｜**食性**｜食真菌性。

｜**分布植被类型**｜南沙岛礁草坪、防风固沙绿地、防风林、公共绿地、行道树、裸地、藤本植物；西沙岛礁永兴岛原生植被、李花蟛蜞菊轻度入侵样地、李花蟛蜞菊重度入侵样地；西沙岛礁东岛原生植被、无根藤轻度入侵样地、无根藤重度入侵样地、飞机草轻度入侵样地、飞机草重度入侵样地。

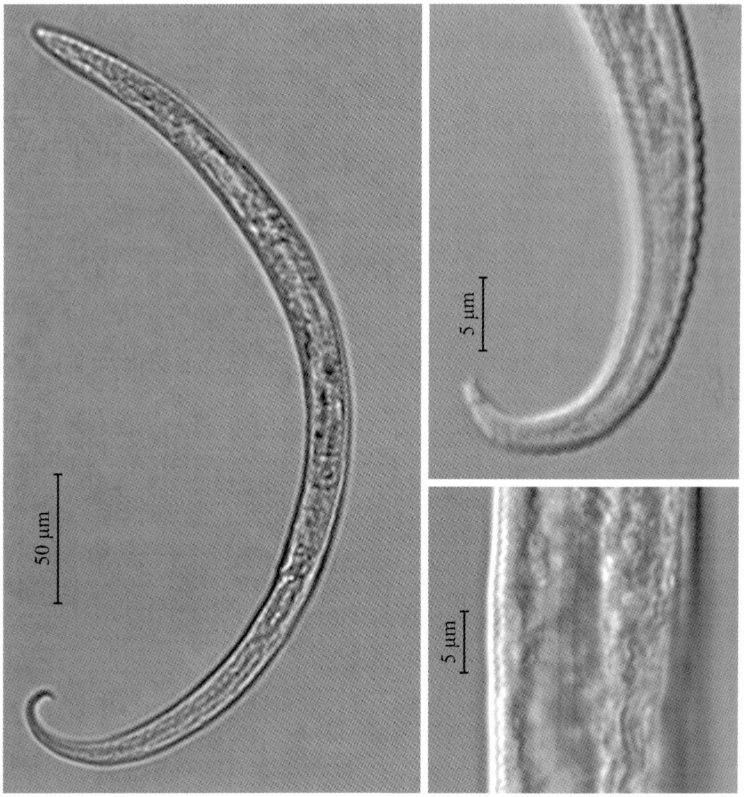

图 3-15　长尾滑刃属雌虫部分形态学特征光学显微镜图片

16. 真滑刃属（*Aphelenchus*，图 3-16）

｜形态特征｜小杆目，垫刃亚目，真滑刃科。热杀死后虫体略直到向腹弯，虫体中等到长。侧区宽，侧线 6 条。头部低，前端圆，连续。口针较细，基部略膨大，无基部球。食道滑刃型，食道前体部圆柱形，中食道球大、卵圆形，中食道球瓣发达，食道有明显的峡部，食道腺叶状，从背面长覆盖肠。雌虫阴门位于虫体后部，开口横卵孔状，阴门唇略突起。虫体在阴门后明显变细，前伸单生殖腺，后阴子宫囊长度超过肛阴距的 1/2。尾部短，近圆柱形，末端宽圆。雄虫交合刺较细、向腹面弯，交合伞发、伸达尾端，尾短，渐变细成圆锥形，末端圆尖。

｜食性｜食真菌性。

｜分布植被类型｜南沙岛礁草坪、防风固沙绿地、防风林、公共绿地、行道树、藤本植物、豆科植物；西沙岛礁永兴岛原生植被、孪花蟛蜞菊轻度入侵样地、孪花蟛蜞菊重度入侵样地；西沙岛礁东岛原生植被、无根藤轻度入侵样地、无根藤重度入侵样地、飞机草轻度入侵样地、飞机草重度入侵样地。

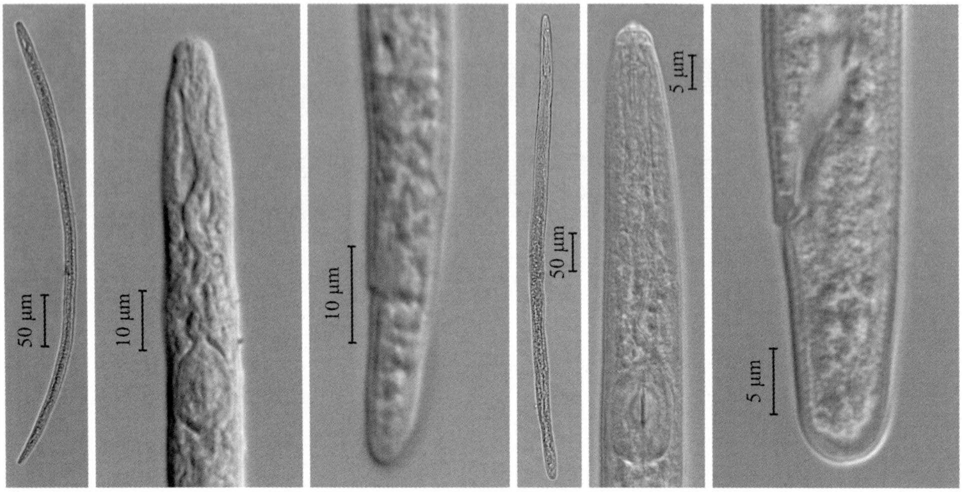

图 3-16　真滑刃属 2 种雌虫部分形态学特征光学显微镜图片

17. 垫咽属（*Tylencholaimus*，图 3-17）

｜**形态特征**｜矛线目，矛线亚目，垫咽科。热杀死后虫体直或略向腹弯。角质层垫咽形，亚角质层疏松、具有不规则的纹路，外角质层通常具有细横纹。唇区呈帽状，缢缩。侧器口横裂缝状。齿针较细，不发达，略短于唇区宽度，齿托具有明显的基部球。食道矛线型，食道于中部缓慢或突然膨大。雌虫双生殖腺或前伸单生殖腺。雄虫交合刺矛线型，生殖乳突通常 2~6 个，间隔排列。尾半球形，凸圆锥形至长圆锥形。

｜**食性**｜食真菌性。

｜**分布植被类型**｜南沙岛礁草坪、行道树。

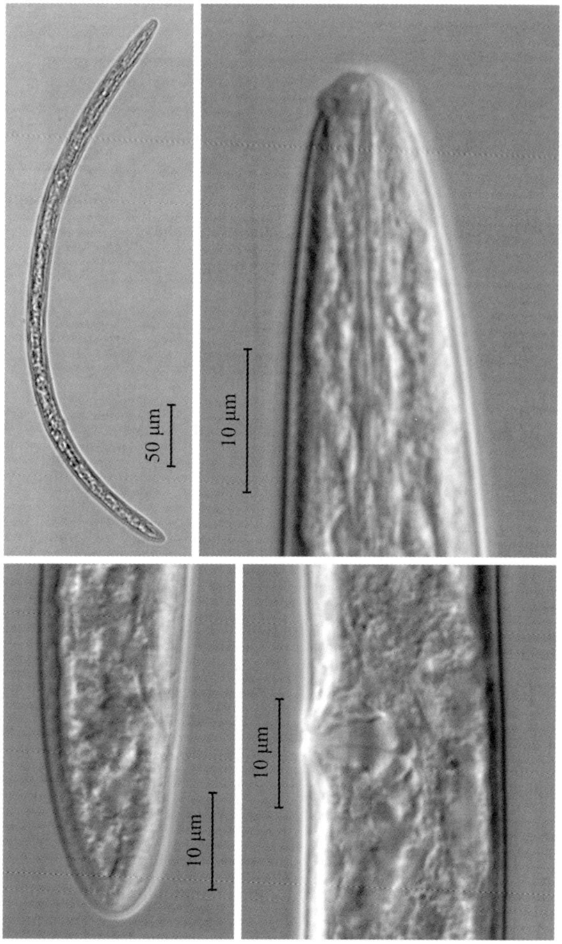

图 3-17　垫咽属雌虫部分形态学特征光学显微镜图片

18. 距矛属（*Calcaridorylaimus*，图 3-18）

｜形态特征｜矛线目，矛线亚目，矛线科。虫体中等到长，热杀死后直到略向腹弯。角质层光滑，环纹不明显。唇区不缢缩或略缢缩。齿针短，开口小于齿针长度的 1/2，齿托不膨大。单导环。食道矛线型，后体部长瓶形。雌虫双生殖腺，卵巢回折，阴门具有骨化瓣。雄虫整体形态与雌虫的相似，前直肠不超过生殖乳突的范围，交合刺较细长，末端具有一个明显向腹弯的小刺，生殖乳突小，间隔排列，7~13 个。雌虫尾前部圆锥形，后部逐渐或突然变成不同长度的丝状，雄虫尾短圆锥形，雄虫虫体后部分扭曲。

｜食性｜杂食性。

｜分布植被类型｜南沙岛礁防风固沙绿地。

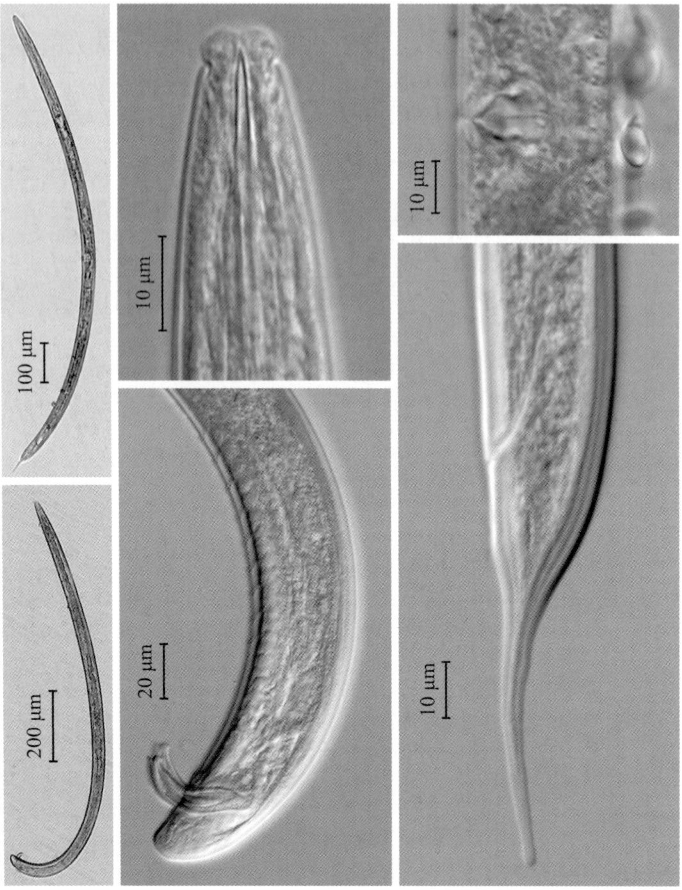

图 3-18　距矛属雌虫及雄虫部分形态学特征光学显微镜图片

19. 中矛属（*Mesodorylaimus*，图 3-19）

｜**形态特征**｜矛线目，矛线亚目，矛线科。虫体中等到长，热杀死后直到略向腹弯。角质层光滑或具有细环纹。唇区略缢缩。齿针直，长为唇区直径的 1~1.5 倍，单导环。食道矛线型，食道在中部或之后的位置膨大。雌虫双生殖腺，阴门骨化。雄虫前直肠不超过生殖乳突的范围（极少数超过），肠的末端通常具有一个长舌状的结构。精细胞梭形。交合刺矛线型，末端没有小刺。生殖乳突间隔排列，5~26 个。雌虫尾不同程度细长至丝状，通常先呈圆锥形后不同程度延伸呈丝状，雄虫尾短圆。

｜**食性**｜杂食性。

｜**分布植被类型**｜南沙岛礁草坪、防风固沙绿地、防风林、公共绿地、行道树、藤本植物、客土堆、豆科植物；西沙岛礁永兴岛原生植被。

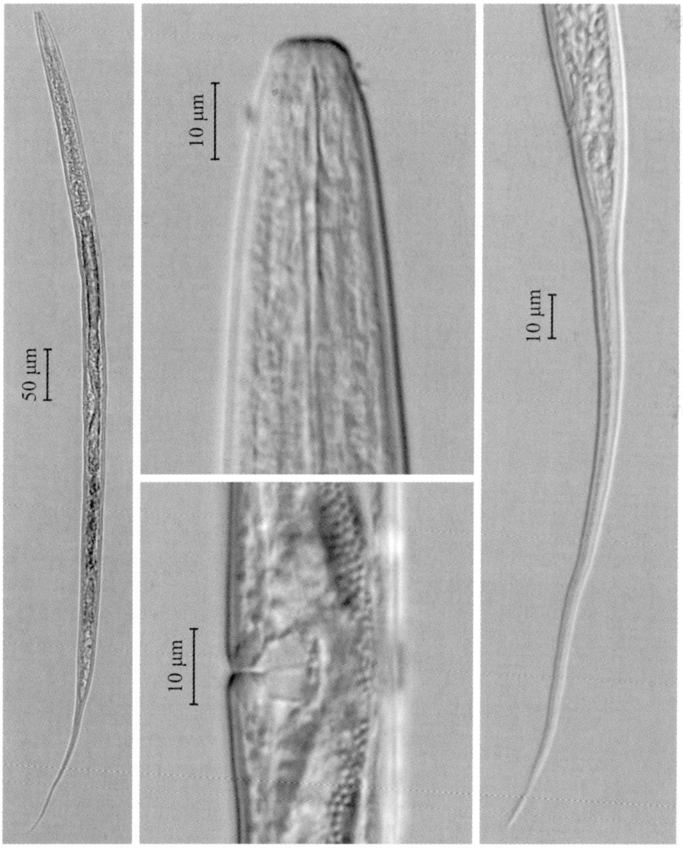

图 3-19　中矛属雌虫部分形态学特征光学显微镜图片

20. 真矛属（*Eudorylaimus*，图 3-20）

| 形态特征 | 矛线目，矛线亚目，奎西娅科。虫体中到大型，中等到强壮，热杀死后向腹弯。角质层光滑或具有细环纹。头部通常缢缩，唇不融合，有角。齿针略长于或与唇区直径等长，齿针开口不超过齿针长度的 1/2。食道矛线型，食道在中部开始膨大。雌虫双生殖腺，卵巢回折，阴门通常横裂、有骨化瓣。雄虫交合刺矛线型，生殖乳突 3~22 个，与肛前乳突存在间隔。尾圆锥形，直或略向腹弯，或末端向背弯，尾长不超过 3 倍肛门处体宽。

| 食性 | 杂食性。

| 分布植被类型 | 南沙岛礁草坪、防风固沙绿地、防风林、公共绿地、行道树、藤本植物、客土堆、豆科植物；西沙岛礁永兴岛原生植被、孪花蟛蜞菊轻度入侵样地、孪花蟛蜞菊重度入侵样地；西沙岛礁东岛原生植被、无根藤轻度入侵样地、无根藤重度入侵样地、飞机草轻度入侵样地、飞机草重度入侵样地。

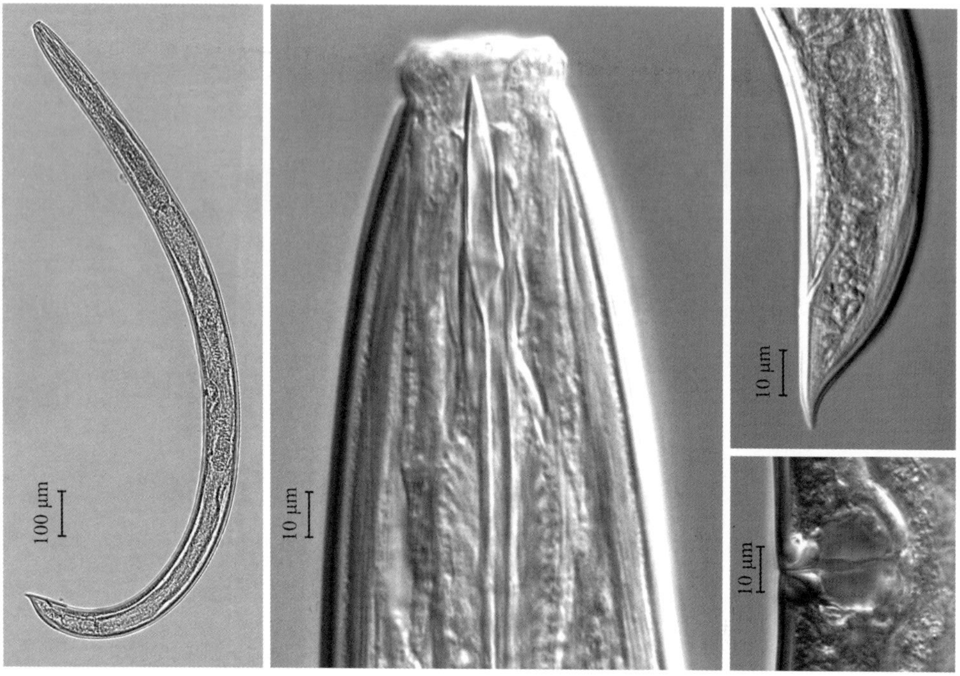

图 3-20　真矛属雌虫部分形态学特征光学显微镜图片

21. 微矛属（*Microdorylaimus*，图 3-21）

｜**形态特征**｜矛线目，矛线亚目，奎西娅科。虫体小，体长一般为 0.3~0.9 mm。角质层光滑，唇区不同程度缢缩，唇瓣圆或有角。齿针小，约与唇宽等长，单导环。食道矛线型，较长，约占虫体的 1/3 长，于其后部 2/5 处突然膨大。雌虫双生殖腺，卵巢回折，阴门有骨化瓣。雄虫少见，交合刺矛线型，生殖乳突 3~8 个，与肛前乳突不存在间隔。尾圆锥形，直或向腹弯，为肛门处体宽的 1~3 倍长。

｜**食性**｜杂食性。

｜**分布植被类型**｜南沙岛礁草坪、防风固沙绿地、藤本植物；西沙岛礁永兴岛原生植被；西沙岛礁东岛原生植被、飞机草轻度入侵样地。

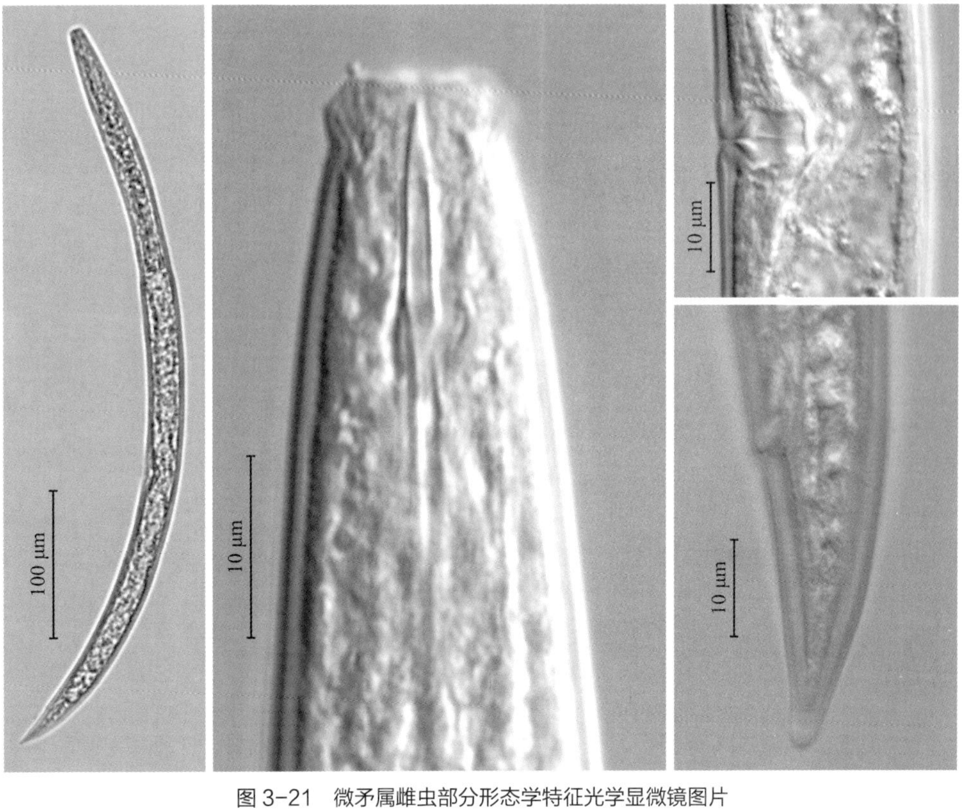

图 3-21　微矛属雌虫部分形态学特征光学显微镜图片

22. 狭咽属（*Discolaimium*，图 3-22）

｜**形态特征**｜矛线目，矛线亚目，奎西娅科。虫体长，热杀死后略向腹弯。角质层光滑，虫体两侧侧索各具有 20~80 个明显的亚角质腺。唇区宽，略呈盘状，强烈缢缩，唇不融合。齿针短于唇区宽度，齿针开口为齿针长的 1/3~1/2。食道矛线型，背食道腺细胞核在基部膨大部较靠后的位置。雌虫双生殖腺，卵巢回折，阴门横裂，不具有骨化瓣。雄虫生殖乳突 3~14 个，间隔排列。雌雄虫尾均呈圆锥形或钝圆形。

｜**食性**｜杂食性。

｜**分布植被类型**｜南沙岛礁草坪、防风林、公共绿地、行道树、客土堆；西沙岛礁永兴岛原生植被、孪花蟛蜞菊轻度入侵样地、孪花蟛蜞菊重度入侵样地；西沙岛礁东岛无根藤轻度入侵样地、无根藤重度入侵样地、飞机草轻度入侵样地、飞机草重度入侵样地。

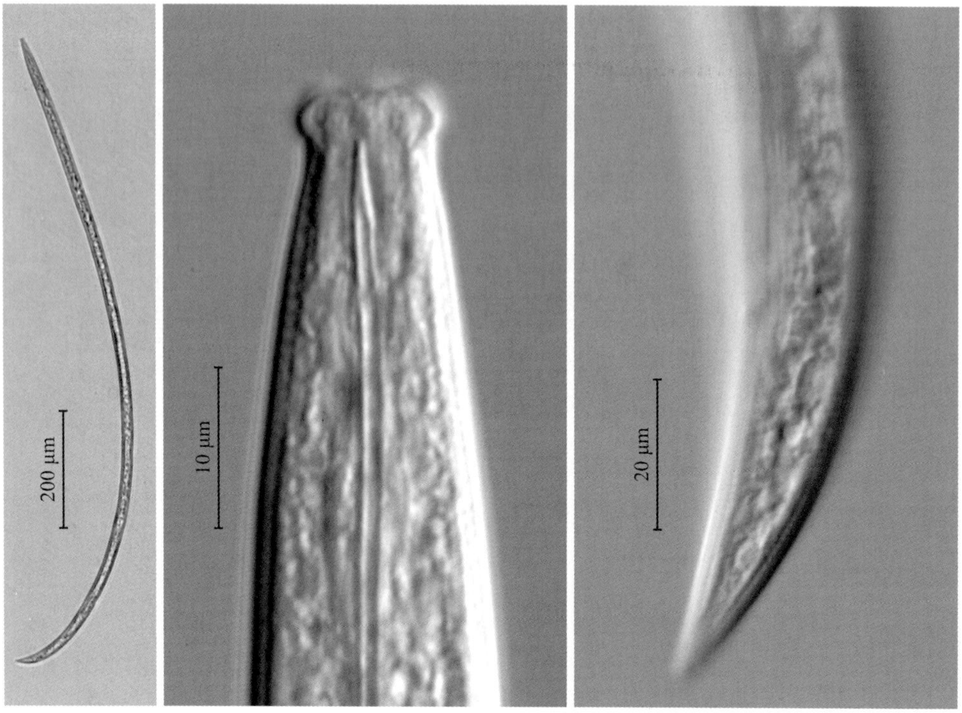

图 3-22　狭咽属雌虫部分形态学特征光学显微镜图片

23. 拟垫咽属（*Paratylencholaimus*，图 3-23）

｜**形态特征**｜矛线目，矛线亚目，瘤咽科。虫体中等大小，热杀死后直或向腹弯。角质层矛线型，两层角质层紧密，不疏松，外层角质层具有细横纹。唇区帽状，溢缩。侧器囊不骨化。齿针直，管状，开口小。齿针杆部杆状，基部略膨大。单导环。食道矛线型，前部细长，基部缓慢膨大、较短，约占整个食道的 1/3。具有半月体。雌虫双生殖腺，卵巢回折，阴门不具有骨化瓣。尾短，半圆至圆锥形。雄虫未知。

｜**食性**｜杂食性。

｜**分布植被类型**｜南沙岛礁草坪、防风固沙绿地、防风林、公共绿地、行道树、藤本植物；西沙岛礁东岛原生植被、无根藤轻度入侵样地、无根藤重度入侵样地。

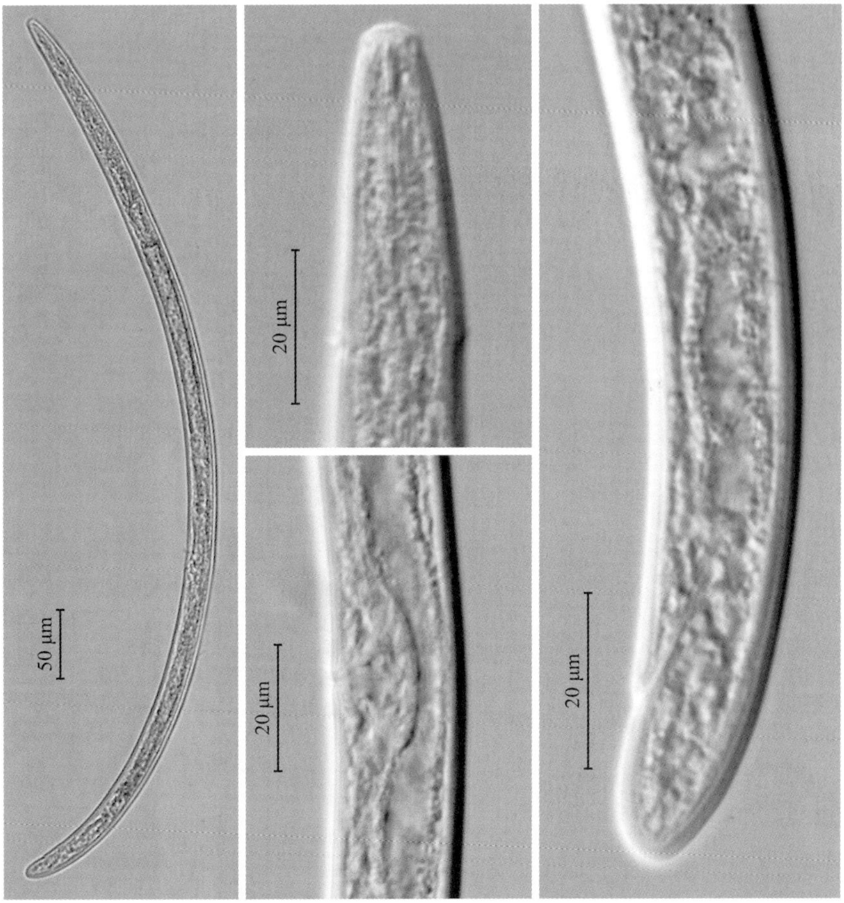

图 3-23　拟垫咽属雌虫部分形态学特征光学显微镜图片

24. 无环属（*Aporcella*，图 3-24）

｜**形态特征**｜矛线目，矛线亚目，无环咽科。虫体大，粗壮，长约 2 mm，热杀死后略向腹弯。角质层光滑。唇区较虫体窄，明显缢缩，唇瓣略融合。齿针粗短，其开口约占其长度的 2/3。食道矛线型，于中部附近膨大。雌虫双生殖腺，卵巢较短、回折，阴门横裂，没有骨化瓣。雄虫精细胞较小，交合刺细长，生殖乳突 7~17 个。雌雄虫尾均为短圆锥形。

｜**食性**｜杂食性。

｜**分布植被类型**｜南沙岛礁防风林、豆科植物。

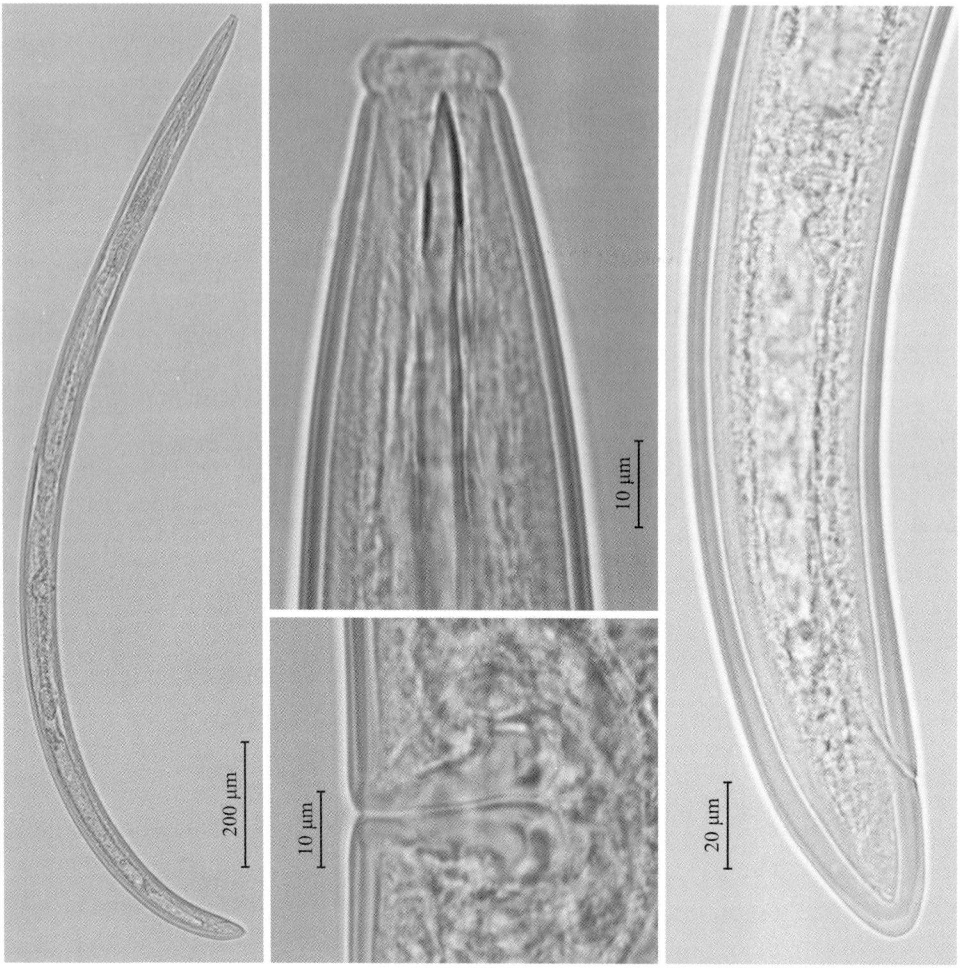

图 3-24　无环属雌虫部分形态学特征光学显微镜图片

25. 孔咽属（*Aporcelaimus*，图 3-25）

｜**形态特征**｜矛线目，矛线亚目，无环咽科。虫体大到非常大，一般长 4~10 mm，热杀死后向腹弯，虫体前部明显缢缩。角质层厚，具有细微的、纵横交错的纹路。唇区明显缢缩，唇瓣大，几乎不分隔。齿针约与唇区宽度等长，开口大，占齿针长度的 2/3~3/4。导环盘状。食道矛线型，强肌肉质，于中部附近逐渐膨大。雌虫双生殖腺，阴门横裂，有小骨化瓣。雄虫交合刺通常强烈膨大，腹中生殖乳突 7~30 个，大多数种类间隔排列。雌雄虫尾相似，短圆锥至半球形。

｜**食性**｜杂食性。

｜**分布植被类型**｜西沙岛礁永兴岛原生植被、李花蟛蜞菊轻度入侵样地、李花蟛蜞菊重度入侵样地；西沙岛礁东岛原生植被、无根藤重度入侵样地。

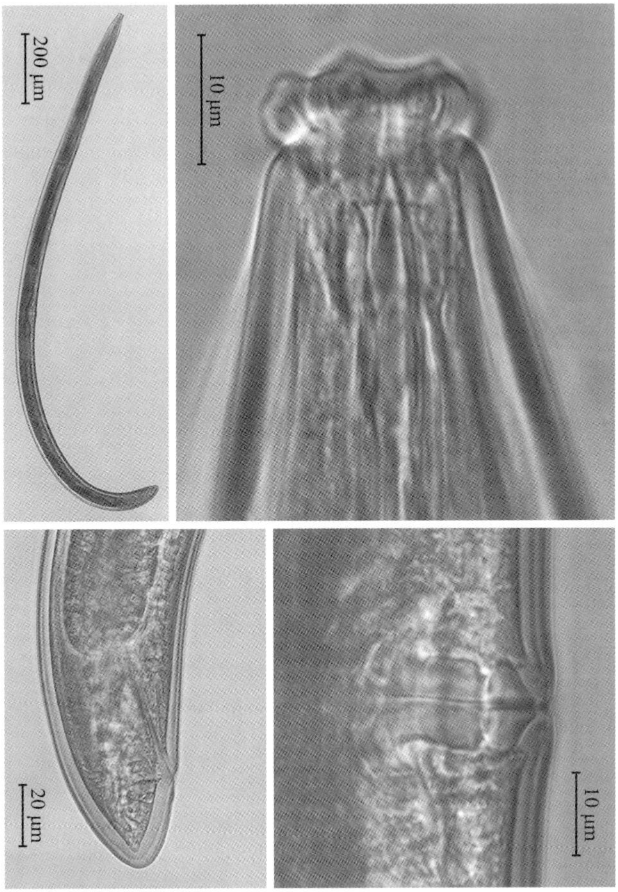

图 3-25　孔咽属雌虫部分形态学特征光学显微镜图片

26. 小拱唇属（*Labronemella*，图 3-26）

｜**形态特征**｜矛线目，矛线亚目，矛线科。虫体细长，长 1.2~2.8 mm。角质层具有细横纹。唇区明显缢缩，偶呈盘状，具有凹陷的内唇区和小唇瓣。齿针细长，大于唇区宽度。双导环。食道矛线型，于中部膨大。雌虫双生殖腺，阴门有小骨化瓣。雄虫常见，交合刺矛线型，生殖乳突 11~22 个，紧密排列。雌雄虫尾均呈钝圆形至短圆锥形。

｜**食性**｜杂食性。

｜**分布植被类型**｜西沙岛礁永兴岛原生植被、李花蟛蜞菊轻度入侵样地、李花蟛蜞菊重度入侵样地。

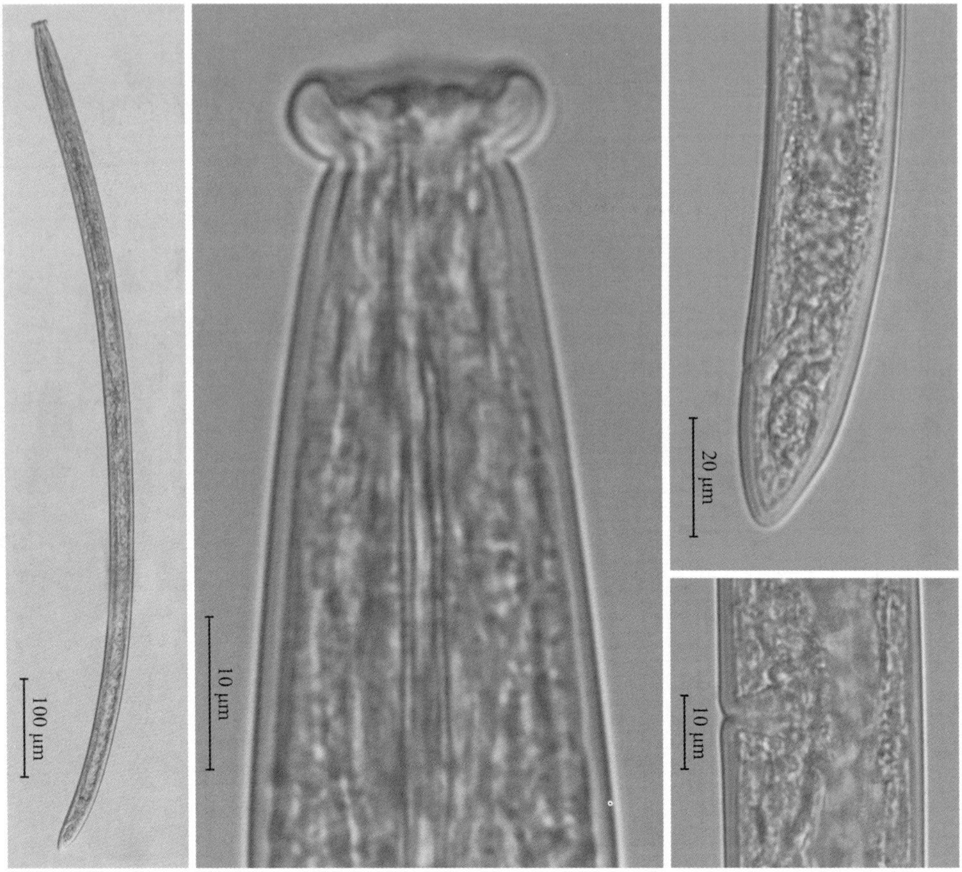

图 3-26　小拱唇属雌虫部分形态学特征光学显微镜图片

27. 锉齿属（*Mylonchulus*，图 3-27）

｜形态特征｜单齿目，单齿科。虫体中到大型，热杀死后向腹弯，虫体后部卷。唇区与虫体连续，不缢缩。口腔前庭呈高脚杯形或漏斗形，后部明显收窄。背齿大，爪形，通常位于口腔前庭的前部，背齿相对位置具有多行珍珠形小齿，形成锉齿区，锉齿区末端通常具有一个齿状结构。食道单齿型。雌虫双生殖腺或前伸单生殖腺。肛门略凸出。雄虫交合刺较短，有或无侧片，生殖乳突 6~16 个。尾不超过肛门处体宽的 4 倍长，钝圆或长圆锥形。

｜食性｜捕食性。

｜分布植被类型｜南沙岛礁行道树；西沙岛礁永兴岛孪花蟛蜞菊重度入侵样地；西沙岛礁东岛无根藤重度入侵样地、飞机草轻度入侵样地、飞机草重度入侵样地。

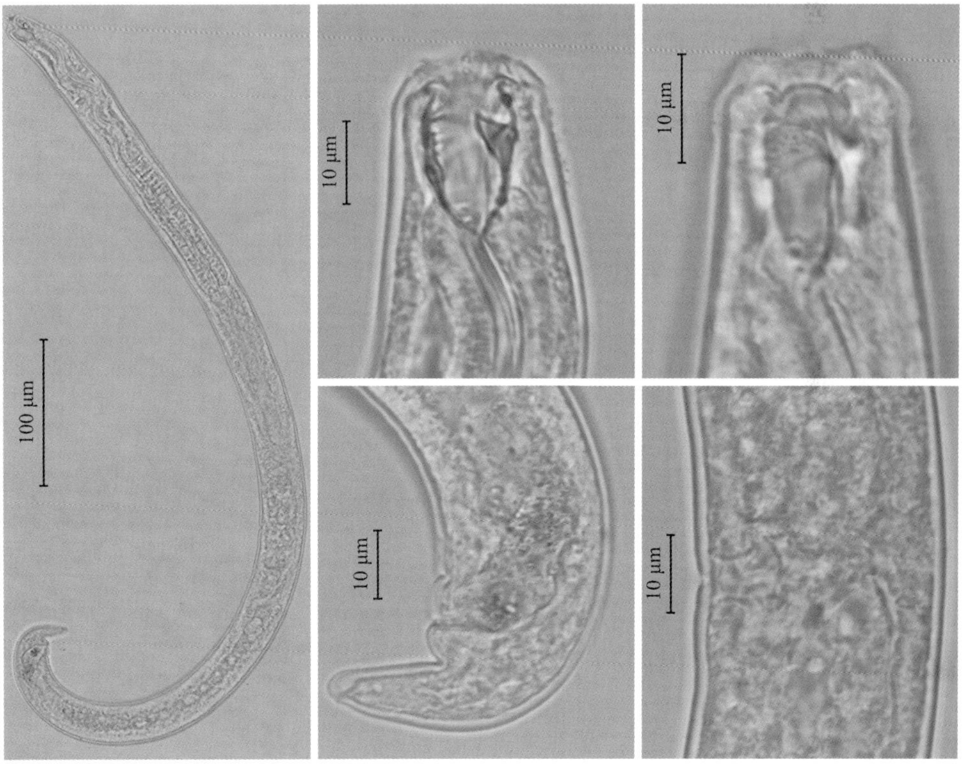

图 3-27　锉齿属雌虫部分形态学特征光学显微镜图片

28. *Sporonchulus*（图 3-28）

｜**形态特征**｜单齿目，单齿科。虫体中到大型，热杀死后向腹弯，虫体后部卷曲。唇区与虫体连续。口腔前庭呈桶状，背齿位于口腔前庭的前部或中部，口腔前庭亚腹面有排成 4 列的多个（不超过 25 个）小齿。食道单齿型。雌虫双生殖腺或前伸单生殖腺，阴门不骨化。尾短，长圆锥形，末端细圆，向腹弯。

｜**食性**｜捕食性。

｜**分布植被类型**｜南沙岛礁行道树；西沙岛礁东岛飞机草重度入侵样地。

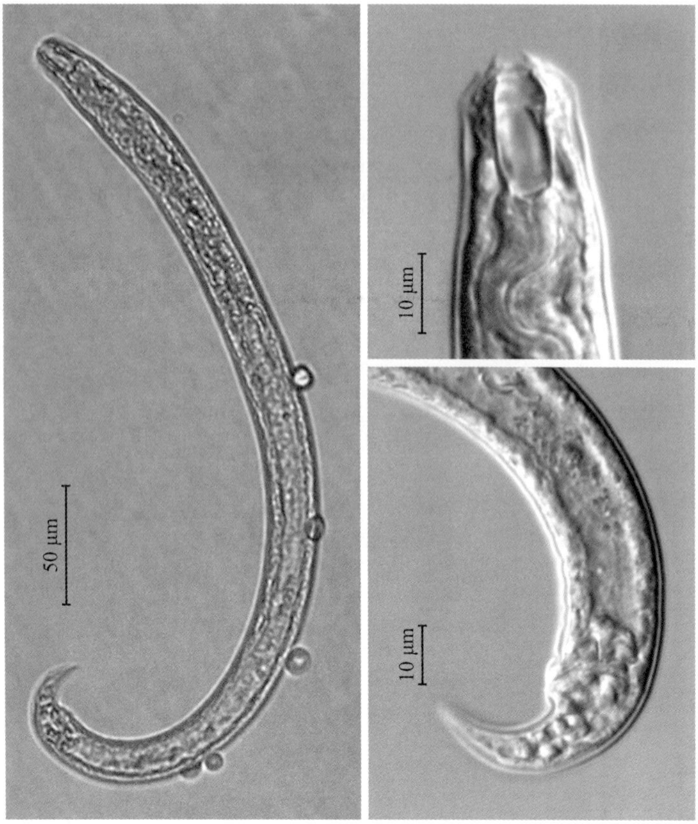

图 3-28　*Sporonchulus* 幼虫部分形态学特征光学显微镜图片

29. 亚三孔属（*Tripylina*，图 3-29）

｜**形态特征**｜嘴刺目，三孔亚目，Trischistomatidae 科。虫体中等大小，热杀死后向腹弯。角质层薄，没有环纹，体孔多。唇区分界不明显，头部 6 个和 4 个刚毛呈单螺旋排布，前者略长于唇宽的一半或与其等长。背齿位于亚腹面齿的之前或之后。雌虫前伸单生殖腺，没有后阴子宫囊。阴门位于虫体的 60%~80% 之处，阴唇略骨化。雄虫少见，交合刺窄，镰刀形，生殖乳突位于泄殖腔附近。尾短，为肛门处体宽的 2~5 倍长，通常呈“S”形。

｜**食性**｜捕食性。

｜**分布植被类型**｜南沙岛礁草坪、行道树、藤本植物；西沙岛礁永兴岛原生植被、李花蟛蜞菊轻度入侵样地、李花蟛蜞菊重度入侵样地；西沙岛礁东岛原生植被、无根藤轻度入侵样地、无根藤重度入侵样地、飞机草轻度入侵样地、飞机草重度入侵样地。

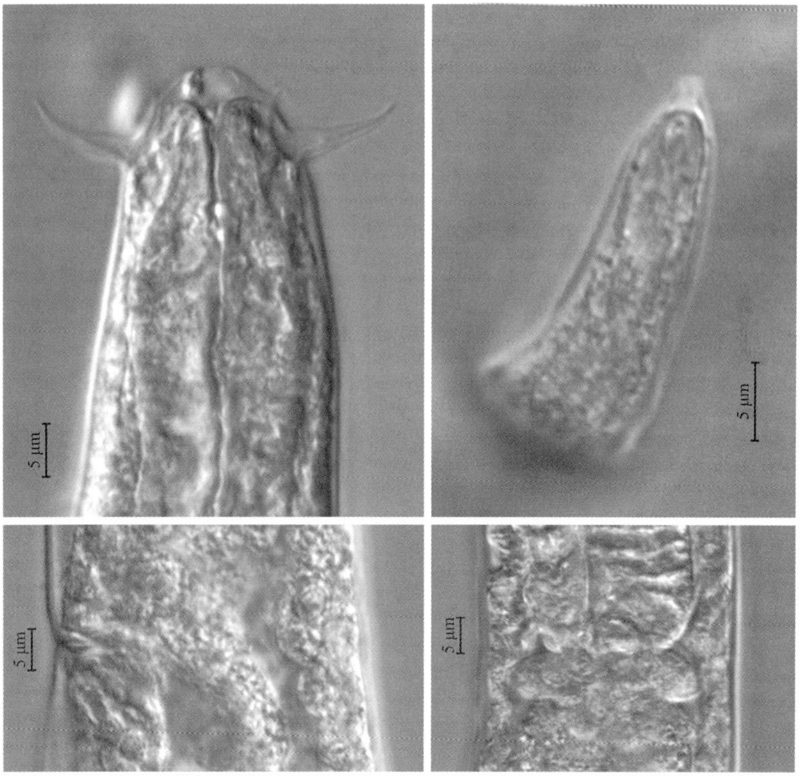

图 3-29　亚三孔属雌虫部分形态学特征光学显微镜图片

30. 依龙属（*Ironus*，图 3-30）

｜**形态特征**｜嘴刺目，依龙亚目，依龙科。虫体细，非常长，一般长 1.5~4.2 mm，热杀死后向腹弯。体腔内常充满棱柱状的晶体。角质层光滑，无刚毛。头部缢缩，唇瓣 3 个，乳突小，具有 4 个不明显的亚侧面头部刚毛。侧器位于唇区之后。口为唇区宽度的数倍长，前部具有 3 个大小相近、可移动的爪状齿。食道圆柱形，前部较窄，环绕口。排泄孔位于唇瓣附近。雌虫生殖腺类型通常为双生殖腺，少数种类为后伸单生殖腺，卵巢回折。雄虫少见，仅有将近 1/3 的种雄虫已知。雄虫交合刺发达，引带小。在泄殖腔前具有一个刚毛状的生殖乳突。尾通常长到丝状，少数短圆锥形。不具有尾部腺体和吐丝器。

｜**食性**｜捕食性。

｜**分布植被类型**｜西沙岛礁永兴岛原生植被、李花蟛蜞菊轻度入侵样地、李花蟛蜞菊重度入侵样地；西沙岛礁东岛原生植被、无根藤轻度入侵样地、无根藤重度入侵样地、飞机草轻度入侵样地、飞机草重度入侵样地。

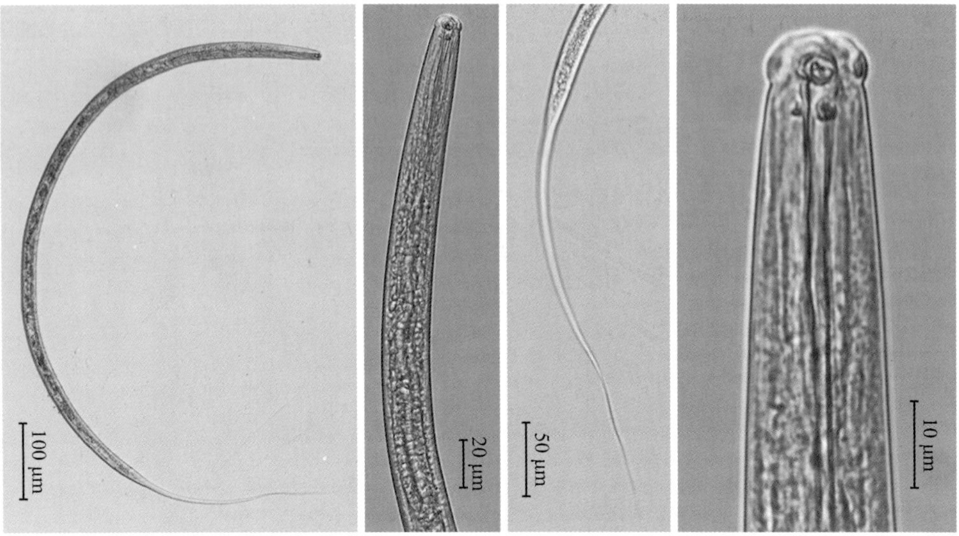

图 3-30　依龙属雌虫部分形态学特征光学显微镜图片

31. 拟丽突属（*Acrobeloides*，图 3-31）

｜**形态特征**｜小杆目，垫刃亚目，头叶科。虫体中等大小，热杀死后向腹弯。角质层具有环纹，侧带 2~4 条，延伸至尾末端。唇区略缢缩，头突起物无或具短刺毛，唇突起物低圆，圆锥或长圆锥形。食道前体部圆柱形，后体部略或明显梭形，峡部比后体部窄，后食道球卵圆形，有发达的瓣。神经环环绕后体部或峡部。有颈乳突。侧尾腺位于尾中部。雌虫前伸单生殖腺，卵巢双重回折，有受精囊和后阴子宫囊，阴门平，凹陷或者凸出，阴道直或“S”形，尾半球形、近圆柱形或圆锥形，直，末端钝或细圆。雄虫引带楔形，尾圆锥形，向腹弯，尾末端钝圆。

｜**食性**｜食细菌性。

｜**分布植被类型**｜南沙岛礁草坪、防风固沙绿地、防风林、公共绿地、行道树、客土堆、藤本植物；西沙岛礁永兴岛原生植被、李花蟛蜞菊轻度入侵样地、李花蟛蜞菊重度入侵样地；西沙岛礁东岛原生植被、无根藤轻度入侵样地、无根藤重度入侵样地、飞机草轻度入侵样地、飞机草重度入侵样地。

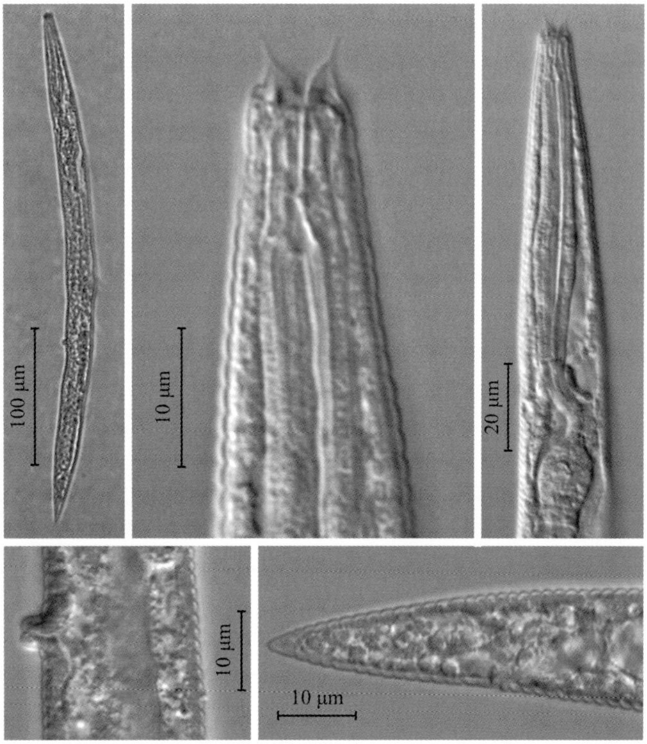

图 3-31　拟丽突属雌虫部分形态学特征光学显微镜图片

32. 真头叶属（*Eucephalobus*，图 3-32）

｜**形态特征**｜小杆目，垫刃亚目，头叶科。虫体小到中等，热杀死后直到略向腹弯。角质层有细环纹，侧线 3 条，雌虫延伸至侧尾腺或尾末端，雄虫延伸至尾尖突之前。唇区略缢缩，次腋不发达。无头突起物，唇突起物新月形，基部与唇融合。食道前体部和后体部圆柱形，峡部比后体部窄，后食道球卵圆形，有发达的骨化瓣。神经环环绕后体部或峡部。有颈乳突。侧尾腺位于尾中部。雌虫前伸单生殖腺，卵巢双重回折，有受精囊和后阴子宫囊，阴门平或突出，阴道直，尾棍棒状、近圆柱形或圆锥形，直，末端钝圆或有尾尖突。雄虫引带楔形，尾圆锥形，向腹弯，尾末端有短钉钩状突起物。

｜**食性**｜食细菌性。

｜**分布植被类型**｜南沙岛礁草坪、防风固沙绿地、防风林、公共绿地、行道树、藤本植物；西沙岛礁永兴岛原生植被、李花蟛蜞菊轻度入侵样地、李花蟛蜞菊重度入侵样地；西沙岛礁东岛原生植被、无根藤轻度入侵样地、无根藤重度入侵样地、飞机草轻度入侵样地、飞机草重度入侵样地。

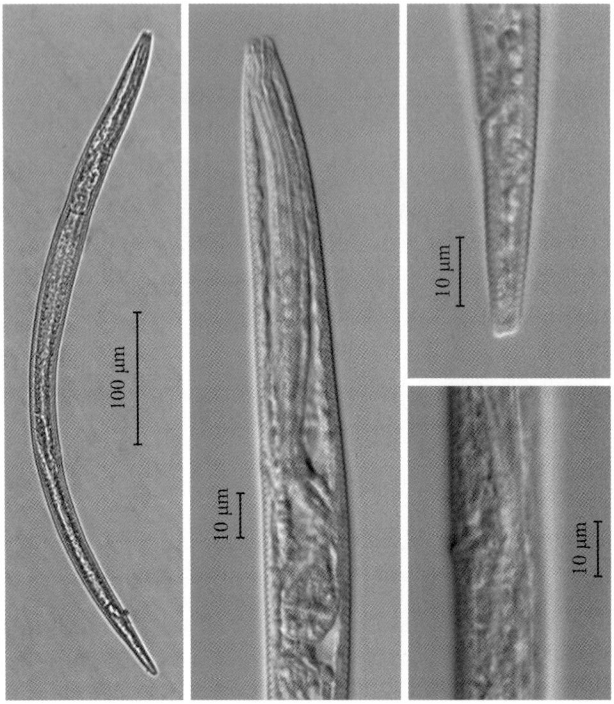

图 3-32　真头叶属雌虫部分形态学特征光学显微镜图片

33. 头叶属（*Cephalobus*，图 3-33）

｜**形态特征**｜小杆目，垫刃亚目，头叶科。虫体中等大小，热杀死后直到略向腹弯。角质层环纹细，侧带 2~4 条，延伸至尾末端。唇区略缢缩，无头突起物，唇突起物低圆。食道前体部和后体部圆柱形，峡部窄，后食道球卵圆形，具有明显的蝶形骨化瓣。神经环环绕食道后体部或峡部。具有颈乳突。侧尾腺位于尾中部附近。雌虫单生殖腺前伸，卵巢两次回折，具有受精囊和后阴子宫囊，阴门平或突出，尾圆锥形，尾末端钝圆或尾尖突。雄虫引带楔形，尾圆锥形，弓形向腹弯，末端具有短的钉钩状尾尖突。

｜**食性**｜食细菌性。

｜**分布植被类型**｜南沙岛礁草坪、防风固沙绿地、防风林、公共绿地、藤本植物、客土堆、豆科植物；西沙岛礁东岛原生植被、无根藤轻度入侵样地、无根藤重度入侵样地、飞机草轻度入侵样地、飞机草重度入侵样地。

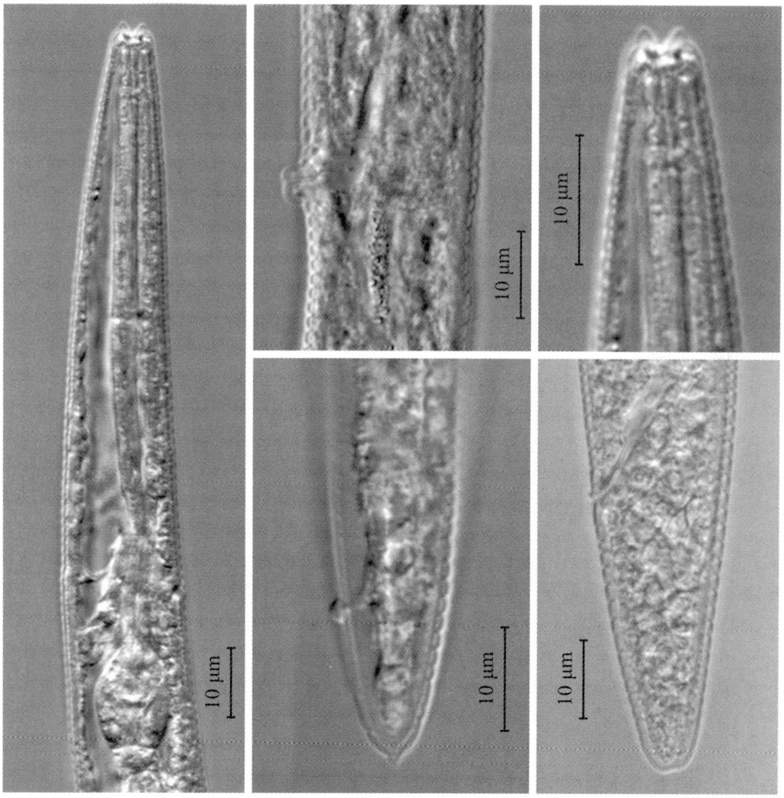

图 3-33 头叶属雌虫部分形态学特征光学显微镜图片

34. 假丽突属（*Pseudacrobeles*，图 3-34）

｜**形态特征**｜小杆目，垫刃亚目，头叶科。虫体中等大小，热杀死后直到略向腹弯。角质层环纹细、明显，侧线 3 条，雌虫的延伸至侧尾腺或略靠其后，雄虫的延伸至侧尾腺或尾尖突之前。唇区不缢缩，主腋和次腋不发达，头突起物有或无短刚毛，唇突起物小、圆，有时与唇融合。食道前体部圆柱形，后体部圆柱形或略梭形，峡部比后体部窄，后食道球卵圆形，有发达的瓣。神经环环绕后体部基部或峡部前部。具有颈乳突。雌虫前伸单生殖腺，卵巢舒展，有受精囊和后阴子宫囊，阴道直，侧尾腺位于尾部前部，尾圆锥形或长圆锥形到丝状，直或向腹弯，末端尖、细圆或具有二分叉或锯齿状尾尖突。雄虫引带蝶形，侧尾腺位于尾部中部，尾圆锥形，向腹弯，尾末端有钉钩状或锯齿状尾尖突。

｜**食性**｜食细菌性。

｜**分布植被类型**｜南沙岛礁防风固沙绿地、防风林、公共绿地、行道树、藤本植物；西沙岛礁永兴岛原生植被、李花蟛蜞菊轻度入侵样地、李花蟛蜞菊重度入侵样地；西沙岛礁东岛原生植被、无根藤轻度入侵样地、无根藤重度入侵样地、飞机草轻度入侵样地、飞机草重度入侵样地。

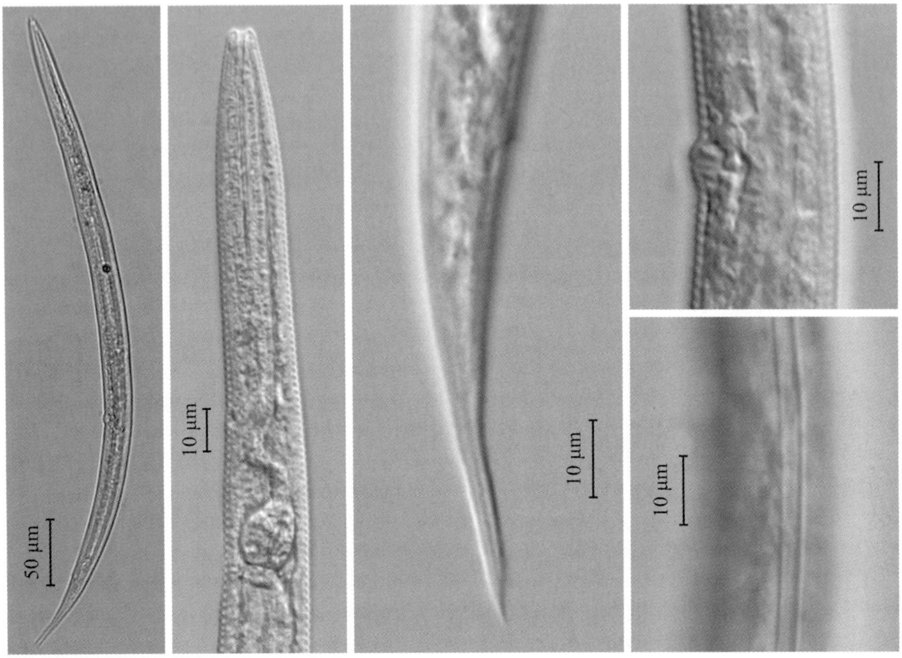

图 3-34　假丽突属雌虫部分形态学特征光学显微镜图片

35. 丽突属（*Acrobeles*，图 3-35）

｜**形态特征**｜小杆目，垫刃亚目，头叶科。虫体中等大小，虫体长 0.3~1.1 mm，热杀死后直到向腹弯。角质层具有明显的环纹，常伴有纵条纹、刻点或波纹，体环数 140~200 个。侧线 2~4 条，延伸至侧尾腺处，或略至侧尾腺之后（雌虫），或伸至尾尖突基部（雄虫）。侧器较大，圆形，位于侧唇。唇区略缢缩，唇突起物长，显著二分叉并具有至少 7 对三角形的小刺，顶端的小刺分隔、延长；头突起物长三角形，显著分隔，并有许多膜质的刺。唇口壁大，圆。有颈乳突。食道前体部圆柱形，后体部略呈梭形，峡部较后体部窄，后食道球卵圆形，具有明显的蝶形骨化瓣。排泄孔位置多变。神经环环绕食道峡部。具有颈乳突。雌虫单生殖腺前伸，卵巢后部分舒展或两次回折，通常比后阴子宫囊长，具有受精囊，阴门区平或凹陷。雌虫侧尾腺位于尾前部，某些种类紧靠肛门。雄虫具有 3 对肛前生殖乳突，另外 5 对生殖乳突位于尾部，侧尾腺位于尾中部。雌虫尾圆锥形至长圆锥形，直，末端钝或细圆形，雄虫尾圆锥形，向腹弯，末端细圆。

｜**食性**｜食细菌性。

｜**分布植被类型**｜西沙岛礁永兴岛原生植被、孪花蟛蜞菊轻度入侵样地、孪花蟛蜞菊重度入侵样地；西沙岛礁东岛原生植被、无根藤轻度入侵样地、无根藤重度入侵样地、飞机草轻度入侵样地、飞机草重度入侵样地。

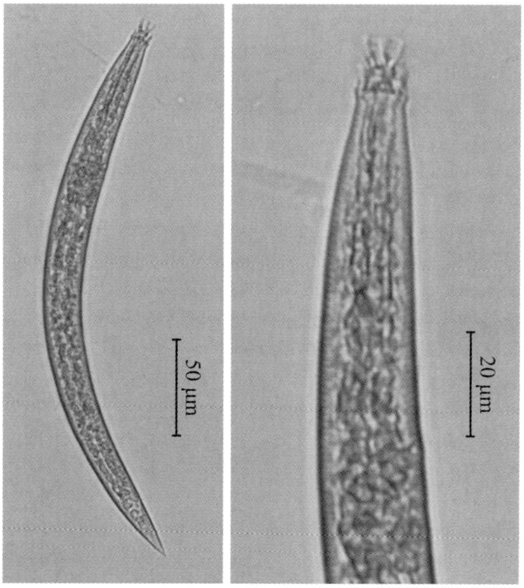

图 3-35 丽突属雌虫部分形态学特征光学显微镜图片

36. 鹿角唇属（*Cervidellus*，图 3-36）

｜**形态特征**｜小杆目，垫刃亚目，头叶科。虫体小，0.3~0.5 mm 长，热杀死后直到向腹弯。角质层具有环纹，有或无纵条纹。侧线 3~4 条，延伸至侧尾腺处，或略至侧尾腺之后（雌虫），或伸至尾尖突基部（雄虫）。唇区明显缢缩，唇瓣 6 个，完全分隔，主腋具有两个尖三角形保卫结构（guarding processes），次腋有或无保卫结构。唇突起物长圆锥形，无基部脊，不分叉，或二分叉呈“Y”形，常具有二级分叉；头突起物具有 3~9 个形态不同的小刺。食道前体部圆柱形，后体部略呈梭形，峡部较后体部窄，后食道球卵圆形，具有明显的蝶形骨化瓣。神经环环绕食道后体部或峡部的后部。排泄孔位于神经环水平处。具有颈乳突。雌虫单生殖腺前伸，卵巢后部分舒展或两次回折，有受精囊和后阴子宫囊，阴门区平或凸出，阴道直。雌虫侧尾腺位于尾前部。雄虫具有 3 对肛前生殖乳突，尾部具有 5 对生殖乳突，侧尾腺位于尾中部。雌虫尾圆锥形、直，末端细圆，雄虫尾圆锥形，向腹弯，末端细圆。

｜**食性**｜食细菌性。

｜**分布植被类型**｜西沙岛礁永兴岛原生植被、李花蟛蜞菊轻度入侵样地、李花蟛蜞菊重度入侵样地；西沙岛礁东岛原生植被、无根藤轻度入侵样地、无根藤重度入侵样地、飞机草轻度入侵样地、飞机草重度入侵样地。

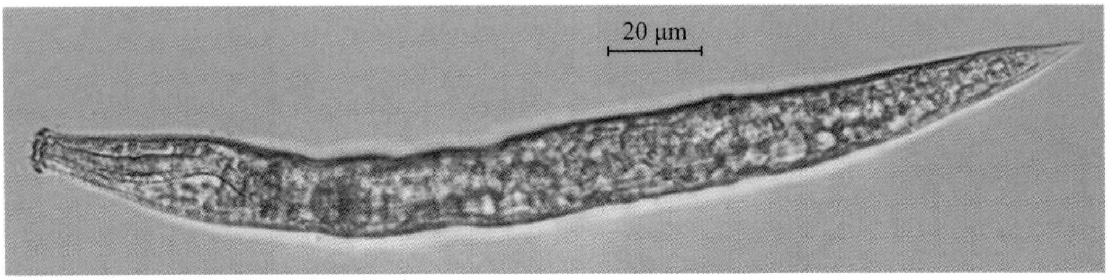

图 3-36　鹿角唇属雌虫部分形态学特征光学显微镜图片

37. *Zeldia*（图 3-37）

｜**形态特征**｜小杆目，垫刃亚目，头叶科。虫体长 0.6~1 mm，热杀死后向腹弯。角质层环纹明显，环纹上通常有成排的小刻点。侧线 3~5 条，延伸至侧尾腺处，或略至侧尾腺之后（雌虫），或伸至尾尖突基部（雄虫）。唇区略缢缩，唇瓣 6 个，排列为 1 对背唇和 2 对亚腹面唇，每对唇之间被主腋分隔，次腋不发达。头突起物三角形，低平，伴有刚毛状结构；唇突起物低，圆形或略二分叉形。食道前体部圆柱形，后体部略呈梭形或圆柱形，峡部较后体部窄，后食道球卵圆形，具有明显的蝶形骨化瓣。神经环环绕食道后体部。排泄孔位于神经环水平处。具有颈乳突。雌虫单生殖腺前伸，卵巢后部分两次回折，受精囊明显，具有后阴子宫囊，阴门区平或凸出，阴道直。雌雄虫侧尾腺均位于尾中部。雄虫具有 3 对肛前生殖乳突，尾部具有 5 对生殖乳突，侧尾腺位于尾中部。雌虫尾圆锥形、直，或向腹面弯，末端尖或细圆，雄虫尾圆锥形，向腹弯，末端细圆。

｜**食性**｜食细菌性。

｜**分布植被类型**｜西沙岛礁东岛无根藤重度入侵样地。

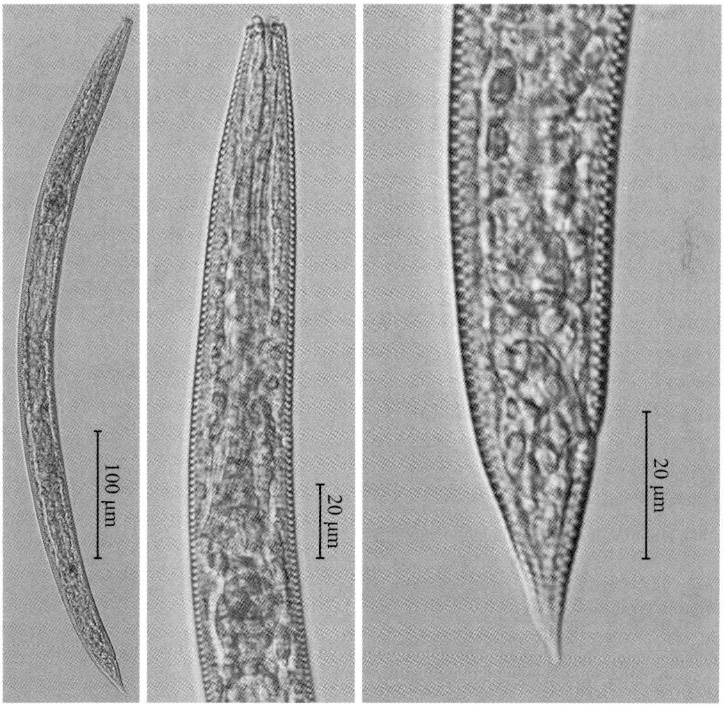

图 3-37　*Zeldia* 雌虫部分形态学特征光学显微镜图片

38. 原杆属（*Protorhabditis*，图 3-38）

｜**形态特征**｜小杆目，小杆亚目，小杆科。虫体中等大小，细到粗壮，热杀死后直到略向腹弯。角质层环纹细，偶尔有纵条纹。唇区不缢缩。口直筒状，较窄，长度为唇区直径的 2~4 倍。前口大部分骨化，后口不具有咽齿或齿。食道中部膨大。雌虫双生殖腺，卵巢回折，阴门位于体中部。交合刺不融合，交合伞伸至尾末端，前部舒展，具有 8 或 9 对乳突，其中 1 或 2 对位于泄殖腔之前。雄虫侧尾腺靠后。雌虫尾细长圆锥形，雄虫尾短圆锥形。

｜**食性**｜食细菌性。

｜**分布植被类型**｜南沙岛礁防风固沙绿地、防风林、公共绿地、行道树、客土堆；西沙岛礁永兴岛原生植被、李花蟛蜞菊轻度入侵样地、李花蟛蜞菊重度入侵样地；西沙岛礁东岛原生植被、无根藤重度入侵样地、飞机草轻度入侵样地、飞机草重度入侵样地。

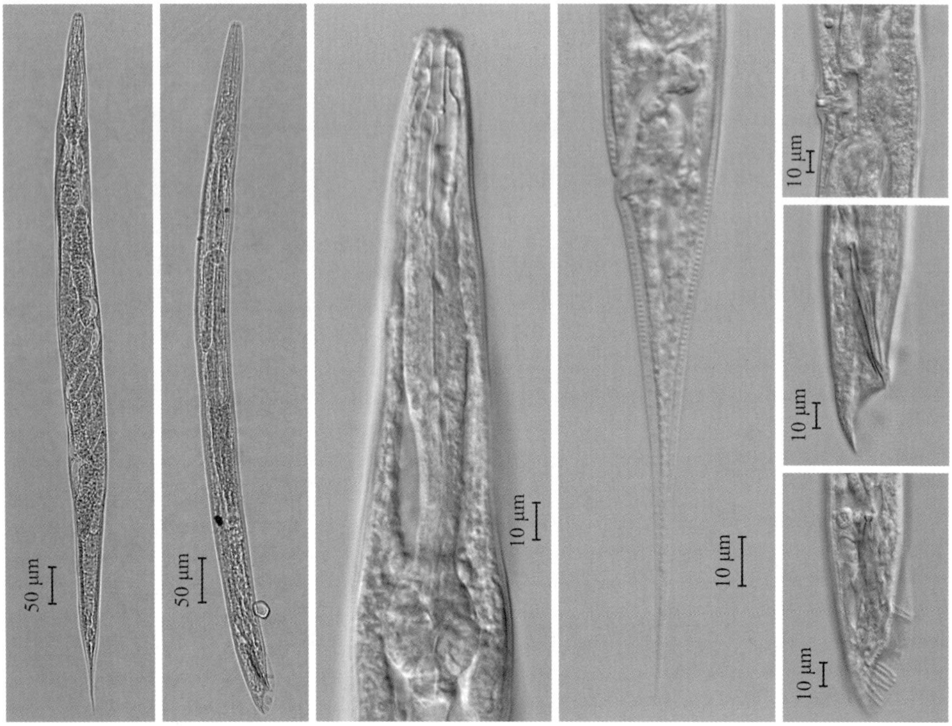

图 3-38　原杆属雌虫部分形态学特征光学显微镜图片

39. 杆咽属（*Rhabdolaimus*，图 3-39）

｜形态特征｜绕线目，绕线亚目，杆咽科。虫体中等大小，细长，热杀死后直到略向腹弯。角质层光滑或具有细环纹，无刚毛。唇区圆，不缢缩。无头部刚毛。口细长管状，前端具有 3 个小的齿。食道肌肉质，后食道球发达，有瓣。雌虫双生殖腺，卵巢回折。雄虫少见，交合刺短，无肛门前生殖乳突。尾长圆锥形至丝状，有尾腺和尾腺孔。

｜食性｜食细菌性。

｜分布植被类型｜南沙岛礁防风固沙绿地、防风林、公共绿地、行道树、裸地、客土堆；西沙岛礁永兴岛原生植被、孪花蟛蜞菊轻度入侵样地、孪花蟛蜞菊重度入侵样地；西沙岛礁东岛原生植被、无根藤轻度入侵样地、无根藤重度入侵样地、飞机草轻度入侵样地、飞机草重度入侵样地。

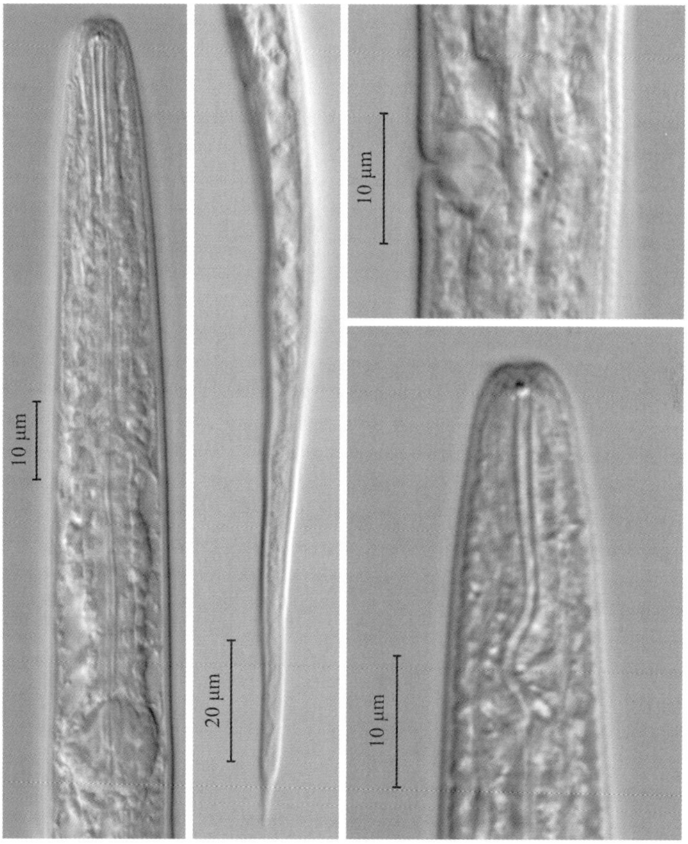

图 3-39 杆咽属雌虫部分形态学特征光学显微镜图片

40. 无咽属（*Alaimus*，图 3-40）

｜**形态特征**｜嘴刺目，无咽亚目，无咽科。虫体中等大小，非常细长，热杀死后向腹弯到螺旋形。角质层薄、光滑。头圆，不缢缩。侧器孔状，远离体前端。口非常小，不明显。食道于后 1/4 处明显膨大。雌虫后伸单生殖腺，有或无前子宫囊。阴门闭合，阴道窄。交合刺短、直，无引带。生殖乳突 3~9 个，少数 16 个。尾大多数圆锥形或长圆锥形，少数粗短，为肛门处体宽的 2~25 倍长。

｜**食性**｜食细菌性。

｜**分布植被类型**｜南沙岛礁草坪、公共绿地；西沙岛礁永兴岛原生植被。

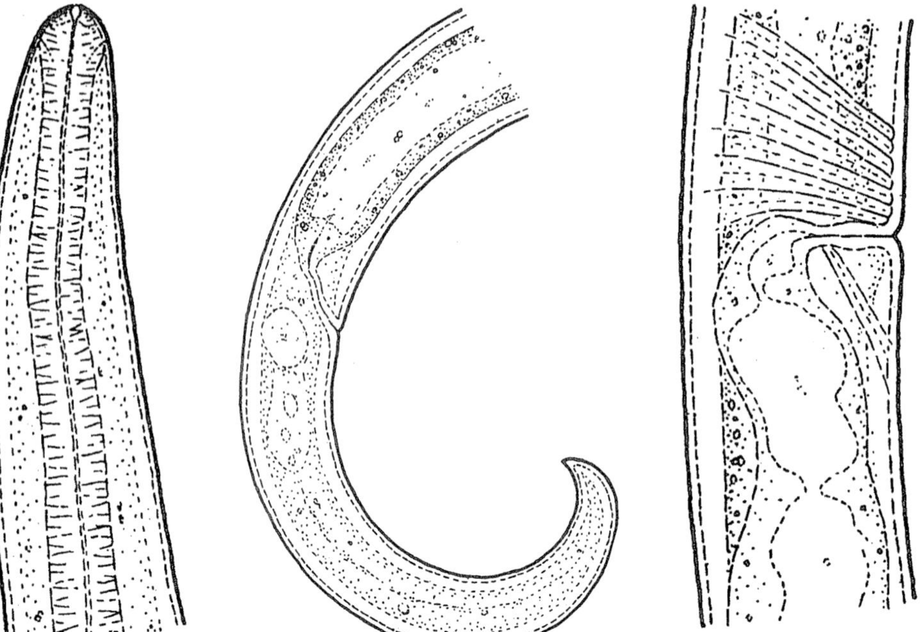

图 3-40　无咽属雌虫部分形态学特征图片

注：引自 Andrássy，2009。

41. 地单宫属（*Geomonhystera*，图 3-41）

｜**形态特征**｜单宫目，单宫亚目，单宫科。虫体小到中等，热杀死后向腹弯，尾部较卷曲。角质层光滑或具有细环纹，具有散乱的刚毛。唇区略宽于虫体或与虫体等宽，唇完全融合，唇乳突刚毛形，较长的头部刚毛长为唇区宽的 1/2~3/4，较短的头部刚毛不明显。侧器大，一般位于距离体前端大于一个唇宽（不超过两倍唇宽）之处。没有单眼。口腔简单，没有齿。食道末端膨大。直肠非常发达和肌肉质，长于 1 倍肛门处体宽。阴门位于虫体长的 75%~85% 处，肛阴距长为 1~3 倍肛门处体宽。生殖腺不伸至食道。雄虫少见，交合刺最长不超过肛门处体宽的 1.5 倍长，引带小，结构简单。雄虫泄殖腔前角质层具有褶皱，尾粗短，向腹弯。雌虫尾长为肛阴距的 2~3 倍，尾腺孔短，圆锥形。

｜**食性**｜食细菌性。

｜**分布植被类型**｜南沙岛礁草坪；西沙岛礁永兴岛孪花蟛蜞菊轻度入侵样地；西沙岛礁东岛无根藤轻度入侵样地、无根藤重度入侵样地、飞机草轻度入侵样地、飞机草重度入侵样地。

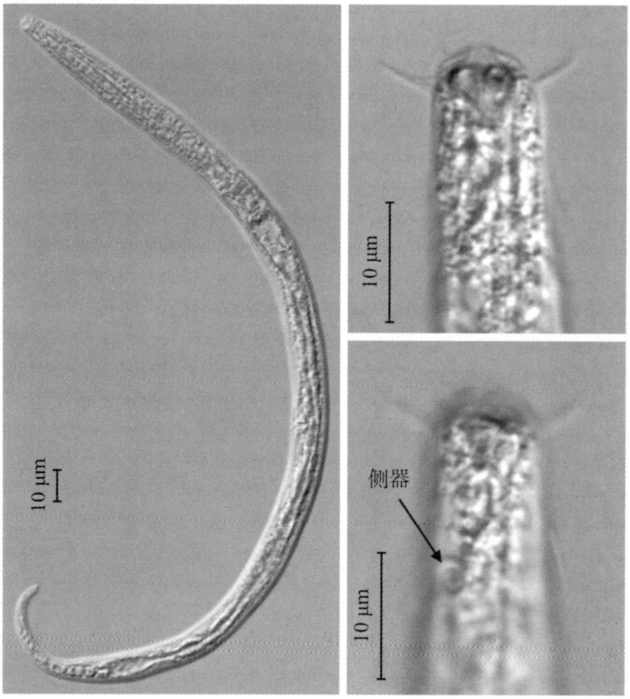

图 3-41　地单宫属雌虫部分形态学特征光学显微镜图片

42. 伪双胃属（*Pseudodiplogasteroides*，图 3-42）

｜**形态特征**｜小杆目，小杆亚目，伪双胃科。虫体中等大小，较粗，热杀死后向腹弯。角质层光滑。6 个唇瓣不融合，每个唇瓣均有一个顶端乳突，雄虫有额外的 4 个唇乳突。口的长度大于口的直径，不对称形，唇口为完整的一圈唇环，后口壁背面具有一个中脊和一对侧齿，每个亚腹面具有一个小的齿，端口不明显。食道前体部圆柱形，中食道球有新月形的瓣，峡部窄，后食道球有 3 个三角形的瓣。雌虫双生殖腺，对伸，卵巢回折。尾长圆锥形，偶有螺纹。

｜**食性**｜食细菌性。

｜**分布植被类型**｜南沙岛礁客土堆；西沙岛礁永兴岛孪花蟛蜞菊重度入侵样地；西沙岛礁东岛原生植被、无根藤轻度入侵样地、飞机草重度入侵样地。

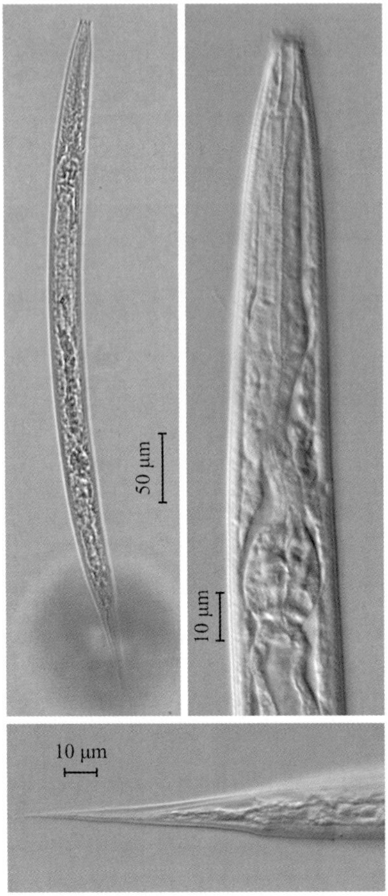

图 3-42　伪双胃属雌虫部分形态学特征光学显微镜图片

43. 棱咽属（*Prismatolaimus*，图 3-43）

｜**形态特征**｜嘴刺目，Tobrilina 亚目，棱咽科。虫体中等大小，细长，热杀死后直到略向腹弯。角质层具有环纹和散乱的刚毛。唇区不缢缩，唇瓣 6 个，并具有刚毛状乳突。6 个较长、明显的头部刚毛和 4 个较短、结构简单的头部刚毛排列为 1 或 2 圈。侧器横向卵圆形，开口窄，位于距离体前端 2~3 倍唇宽之处。口腔前庭棱形，对称，壁骨化，末端有一些小齿或锉齿。食道圆柱形。贲门大，球形。雌虫双生殖腺或前伸单生殖腺。雄虫交合刺简单，引带薄，生殖乳突 11~46 个，位于体后部或食道中部。尾丝状，具有一小的尾尖突。

｜**食性**｜食细菌性。

｜**分布植被类型**｜南沙岛礁草坪、防风固沙绿地、客土堆。

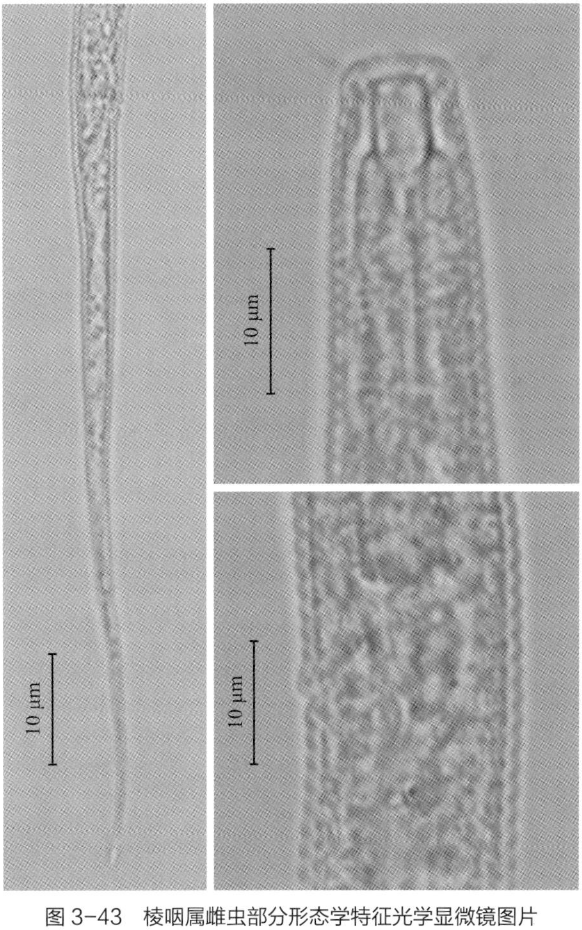

图 3-43　棱咽属雌虫部分形态学特征光学显微镜图片

44. 真单宫属（*Eumonhystera*，图 3-44）

｜**形态特征**｜单宫目，单宫亚目，单宫科。虫体中等大小，细长，热杀死后向腹弯到螺旋形。角质层光滑，具有散乱的体壁刚毛。唇区通常不缢缩。较长的头部刚毛短于唇宽的一半。侧器圆形，少数卵圆形，位于距离体前端 1~3.5 倍唇宽之处。某些水生种类具有单眼。口腔结构简单，宽大，没有齿。食道末端不膨大。直肠简单。阴门位于虫体体长的 2/3 处。雄虫少见，交合刺短于 2 倍肛门处体宽。尾丝状，直或向腹弯，少数向背弯，雌虫尾与肛阴距等长或长于肛阴距。

｜**食性**｜食细菌性。

｜**分布植被类型**｜南沙岛礁防风林、行道树；西沙岛礁永兴岛原生植被、李花蟛蜞菊轻度入侵样地、李花蟛蜞菊重度入侵样地；西沙岛礁东岛原生植被、无根藤轻度入侵样地、无根藤重度入侵样地、飞机草轻度入侵样地、飞机草重度入侵样地。

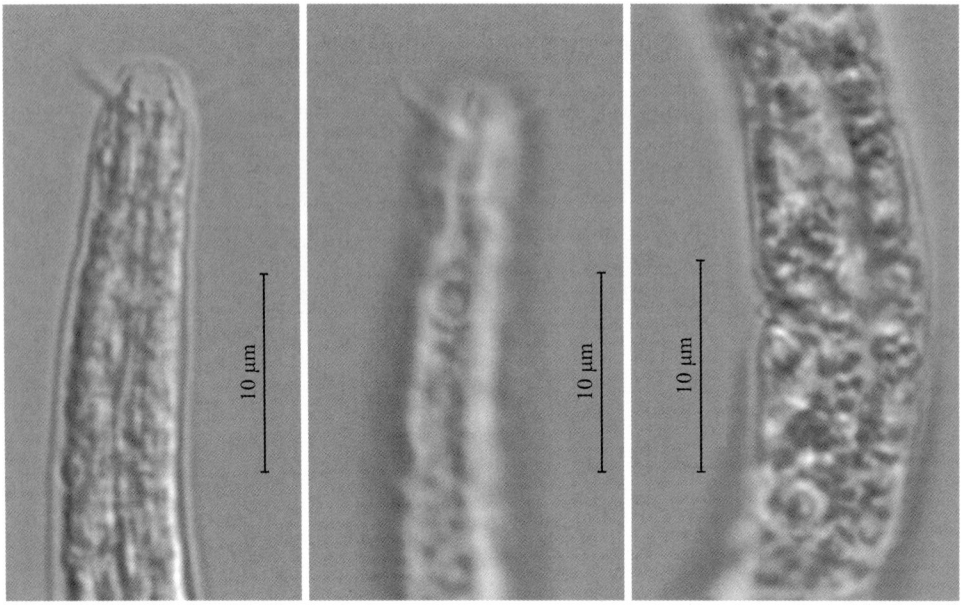

图 3-44　真单宫属雌虫部分形态学特征光学显微镜图片

45. 威尔斯属（*Wilsonema*，图 3-45）

| **形态特征** | 绕线目，绕线亚目，绕线科。虫体小，长 0.2~0.4 mm，热杀死后向腹弯。角质层有环纹和短的、散乱的刚毛。颈部角质层剧烈膨大，无环纹，前端呈扇形，并有流苏状装饰。侧器圆形，位于口中部水平处。口圆柱形。食道前体部较宽，峡部较窄，与前体部分界明显，基部球发达，具有骨化瓣，部分种食道末端还具有球状延伸。贲门被肠组织包裹。具有颈乳突。排泄孔位于神经环水平处之后。雌虫双生殖腺，卵巢回折，无受精囊，阴门位于体中部，阴道直。雄虫少见，精巢对伸，前精巢舒展，后精巢回折，交合刺弓形，引带片状，无腹中生殖乳突。尾短圆锥形至圆柱形，略向腹弯。具有尾部腺体和吐丝器（spinneret）。

| **食性** | 食细菌性。

| **分布植被类型** | 西沙岛礁永兴岛原生植被、李花蟛蜞菊轻度入侵样地、李花蟛蜞菊重度入侵样地；西沙岛礁东岛原生植被、无根藤轻度入侵样地、无根藤重度入侵样地、飞机草轻度入侵样地、飞机草重度入侵样地。

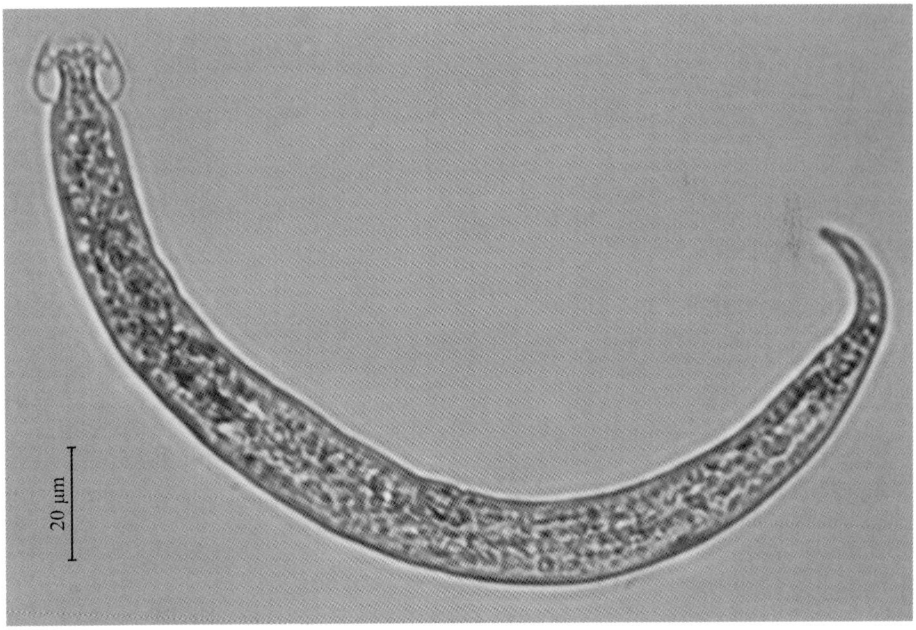

图 3-45　威尔斯属雌虫部分形态学特征光学显微镜图片

46. 绕线属（*Plectus*，图 3-46）

| 形态特征 | 绕线目，绕线亚目，绕线科。虫体中等大小，热杀死后向腹弯。角质层具有明显的环纹和侧区，虫体表面有小的、散乱的刚毛，偶有少数皮层腺体。唇区略或不缢缩。头部刚毛 4 个，大多数短。侧器螺旋形或开放圆形。口腔长管状，前部较宽，后部收窄呈漏斗形。食道前体部较宽，峡部较窄，与前体部分界明显，基部球发达，具有骨化瓣和延长的后部，贲门被肠组织包裹。雌虫双生殖腺，卵巢回折，无受精囊。雄虫交合刺弓形，引带盘状，肛前生殖乳突无或管状、骨化。尾短圆锥形至长圆锥形，通常具有 3 个腺体和末端尾腺孔，雌虫尾部刚毛通常 5~6 个。

| 食性 | 食细菌性。

| 分布植被类型 | 南沙岛礁草坪、公共绿地；西沙岛礁永兴岛原生植被、李花蟛蜞菊轻度入侵样地、李花蟛蜞菊重度入侵样地；西沙岛礁东岛飞机草重度入侵样地。

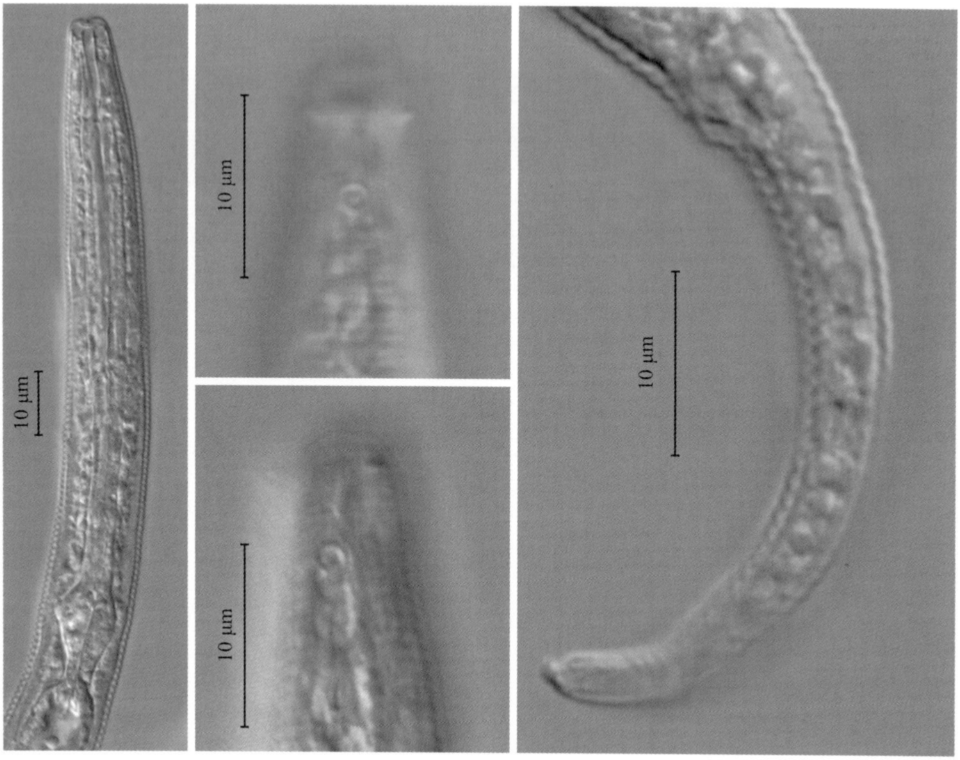

图 3-46　绕线属雌虫部分形态学特征光学显微镜图片

第四章
南海诸岛土壤线虫群落结构

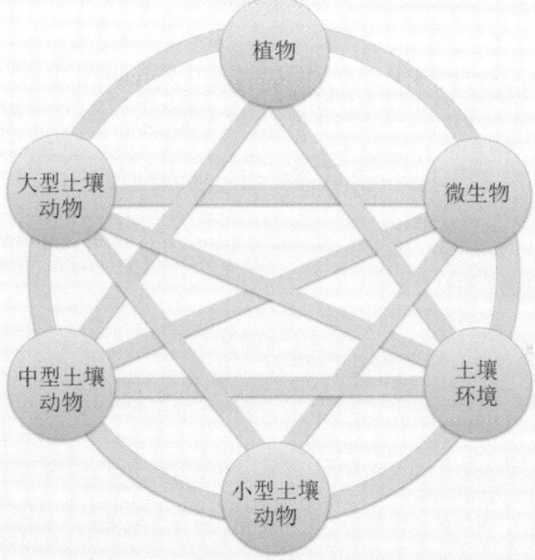

第一节　南沙岛礁土壤线虫群落结构特征及影响因子

将线虫分为植食性、食真菌性、食细菌性和杂食 / 捕食性共 4 个食性类群，对样品中的线虫各类群的虫数进行统计，之后将植被类型相同的样品数据进行整合，比较不同植被类型土壤线虫食性的差异，并对草坪、防风固沙绿地、防风林、公共绿地和行道树样品中土壤线虫各食性虫数及总虫数与环境因子进行多元统计分析。

一、不同类型土壤各食性线虫比例

与裸地相比，植被的构建显著促进了土壤线虫群落的恢复，但是恢复的效果因植被类型不同而有所差异。食细菌性线虫在草坪（47.3%）、防风固沙绿地（63.8%）、防风林（62.1%）、公共绿地（61.1%）、行道树（72.2%）、客土堆（95.4%）和裸地（52.6%）土壤中所占比例最高；食真菌性线虫在藤本植物的土壤中所占比例最高，为 49.7%；杂食 / 捕食性线虫在豆科植物土壤中所占比例最高，为 53.6%；植食性线虫在各植被类型的土壤样品中均不是优势种群。不同植被类型土壤中各个食性线虫的比例见图 4–1，各个食性线虫在不同植被类型中的每 100g 干土虫数见图 4–2。

二、不同植被类型土壤线虫通路比值

线虫通路比值（NCR）公式计算结果（表 4–1）显示，藤本植物土壤能量通道为真菌分解通道（NCR $<$ 0.5），裸地、防风林、草坪、防风固沙绿地、公共绿地、豆科植物、行道树和客土堆的土壤能量通道为细菌分解通道（NCR $>$ 0.5）。结果表明藤本植物的土壤有机质分解速率最慢，而客土堆的有机质分解速率最快。

表 4–1　南沙岛礁不同植被类型的土壤线虫通路比值

	草坪	防风固沙绿地	防风林	公共绿地	行道树	客土堆	裸地	藤本植物	豆科植物
NCR	0.807	0.813	0.805	0.817	0.905	0.919	0.526	0.488	0.854

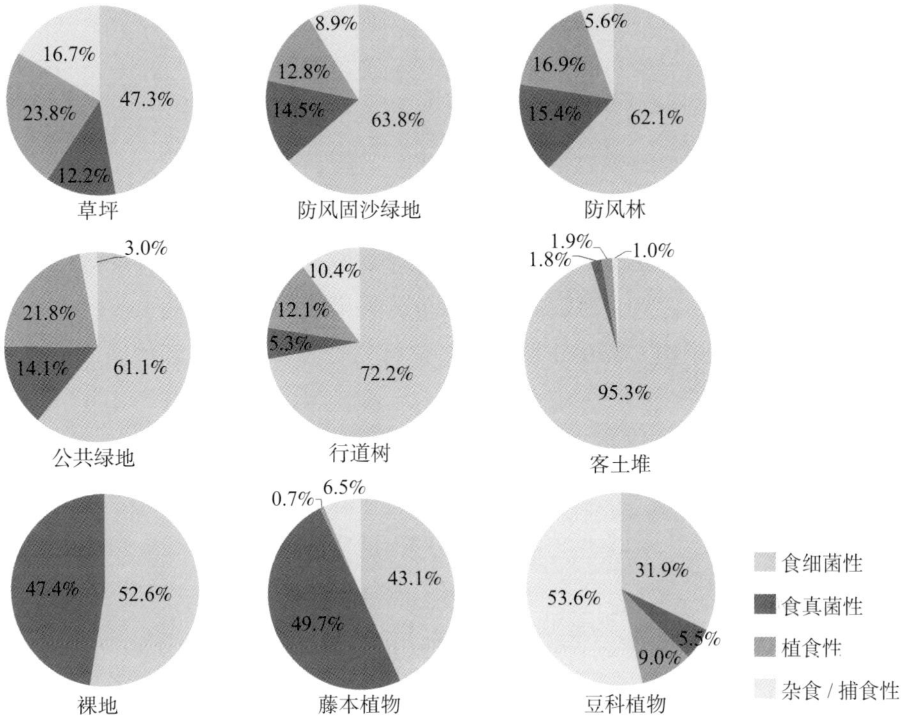

图 4-1　南沙岛礁不同植被类型土壤中 4 种食性线虫占总虫数的比例

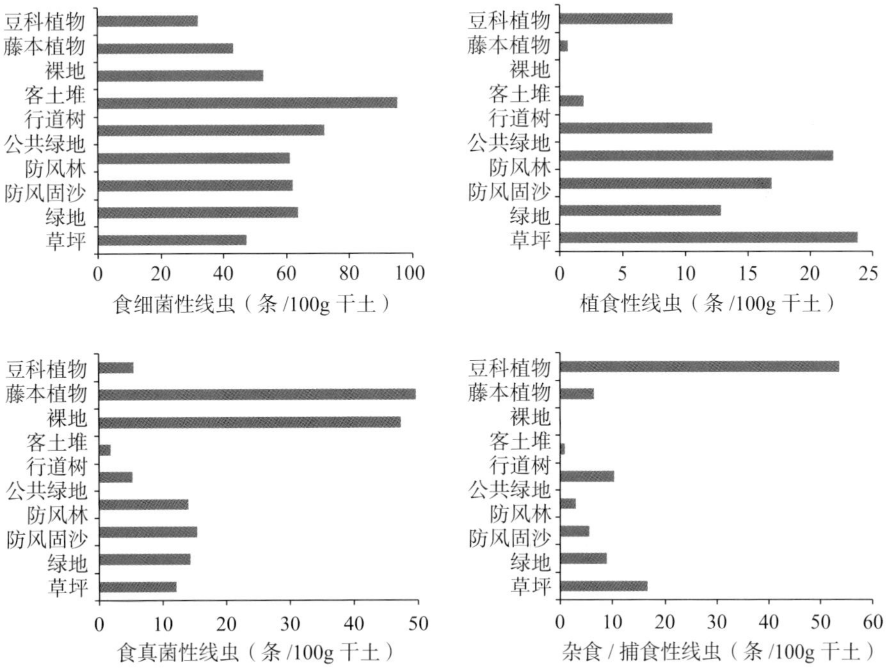

图 4-2　南沙岛礁不同食性线虫在不同植被类型土壤中的数量

线虫能量通道指数分析显示，藤本植物的根系土壤倾向于真菌分解通道，而其他植被类型的土壤均相对倾向于细菌分解通道。这可能是因为藤本植物通常是单一种大面积种植，向土壤输入的凋落物、根系分泌物等物质较匮乏、单一，导致土壤食物网结构相对简单，土壤有机质分解较慢，从而导致真菌分解通道占主导。对于裸地和客土堆，两者均缺乏植物资源输入，同时可能缺少真菌的资源来源，所以导致土壤群落以细菌分解通道为主导。而其他类型的土壤植物种类较多样，向土壤输入的凋落物、腐殖质、根系分泌物等较为丰富，土壤有机质分解较快，从而倾向于细菌分解通道。

三、土壤线虫数量与环境因子的关系

对来自草坪、防风固沙绿地、防风林、公共绿地和行道树等植被类型的土壤的不同食性线虫数量、总线虫数量、土壤理化性质和微生物生物量等数据进行对数转换，采用 Canoco v.5 软件冗余度分析（RDA）分析检验了土壤线虫与环境因子之间的关系，结果表明土壤含水量、土壤盐分、土壤有机碳和镁（Mg）是影响南沙岛礁土壤线虫营养类群结构的主要影响因子（图 4–3）。

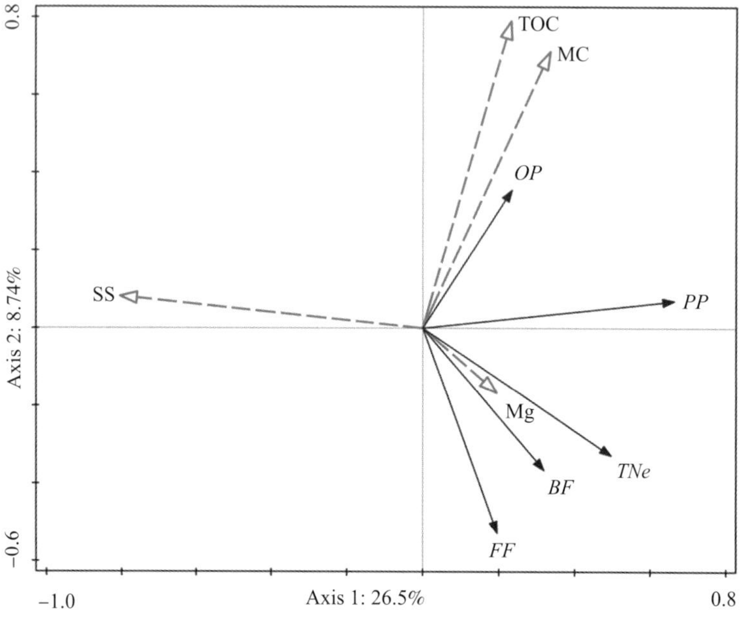

图 4–3　南沙岛礁土壤线虫数量与土壤环境因子的关系

注：*PP* 植食性线虫虫数；*OP* 杂食 / 捕食性线虫虫数；*BF* 食细菌性线虫虫数；*FF* 食真菌性线虫虫数；*TNe* 总线虫虫数；TOC 土壤有机碳；SS 土壤盐分；MC 土壤含水量；Mg 镁。

RDA 分析结果显示，第一轴和第二轴共同解释了土壤线虫营养结构变异的 35.32%，总解释率为 37.43%。在测定的环境因子中，土壤盐分对土壤线虫总特征值的解释率最高，为 19.1%（$P = 0.002$），之后依次为土壤含水量（8%，$P = 0.004$）、镁（7.2%，$P = 0.004$）和土壤有机碳（4.8%，$P = 0.034$）。土壤线虫的数量和食性组成与土壤盐分呈显著负相关，而与土壤含水量、土壤有机碳和镁含量呈显著正相关。杂食 / 捕食性线虫数量与土壤有机碳和土壤含水量密切相关，而食细菌性线虫和总线虫数与土壤镁含量密切相关。

四、土壤微食物网结构

进一步采用 Amos 插件构建了基于线虫和微生物的土壤微食物网结构方程模型（图 4–4），分析了植被构建对土壤线虫—微生物互作关系的影响及其与环境因子的关系，从土壤微食物网的角度评估植被恢复的效果，并提出了加速土壤生物群落恢复的调控途径。

分析结果表明，在植被恢复初期，植被类型对土壤有机碳、土壤全氮和盐分没有显著影响，对植食性线虫数量的影响也不明显；土壤有机碳对细菌和真菌的生物量均有显著的正效应；土壤全氮对真菌生物量有显著的负效应，但对细菌生物量没有明显影响；土壤盐分对食细菌性线虫的数量具有直接、显著的负效应，但对细菌生物量、真菌生物量及另外 3 种食性线虫的数量没有明显的直接影响。另外，细菌和真菌的生物量对食细菌性和食真菌性线虫的数量没有显著的作用关系，食细菌性线虫、食真菌性线虫和植食性线虫的虫数对杂食 / 捕食性线虫的数量也没有显著的作用关系。初步结果表明，在恢复初期，植被类型对土壤微食物网的影响有限，土壤微食物网的重建与恢复主要受土壤盐分和肥力状况的影响。因此，缓解土壤盐分胁迫和改善土壤肥力状况是促进土壤生物群落重建与恢复的主要调控方向，这也是未来土壤改良和已建植被后续管理维护的工作重点。

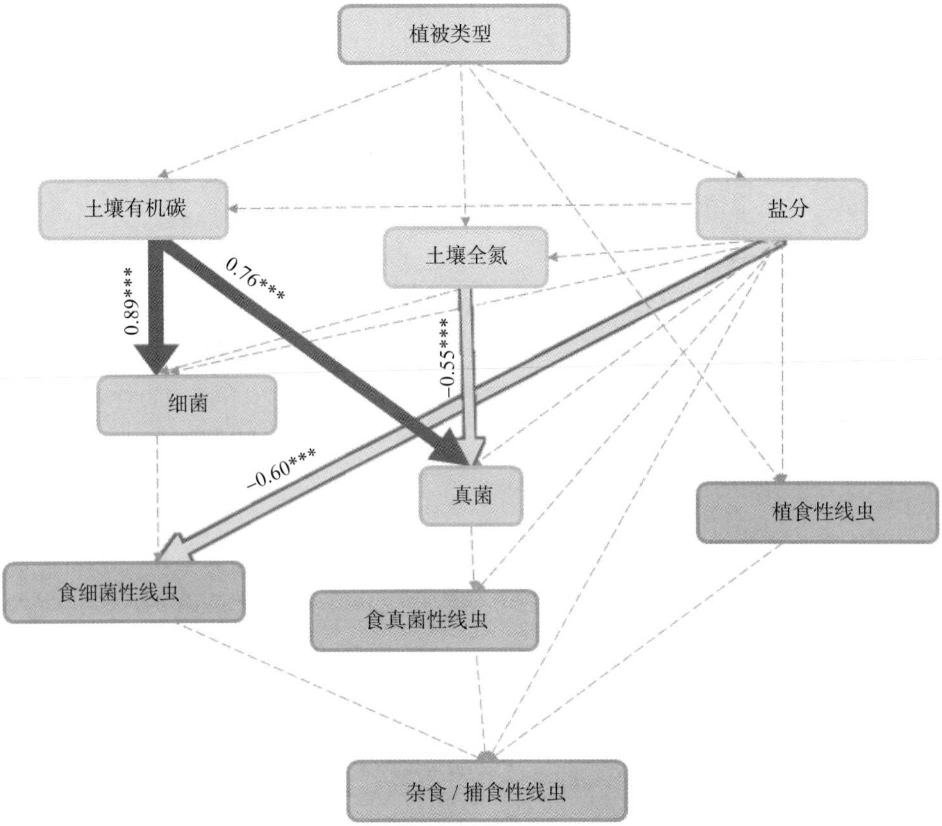

图 4-4 南沙岛礁土壤线虫和微生物的微食物网模型

注：箭头表示作用方向，线的粗细表示相关系数的大小，➡表示具有显著性意义的正效应，⇨表示具有显著性意义的负效应，- - -➤表示效应未达到显著，*** 表示在 $P < 0.01$ 的水平上显著。

第二节 西沙岛礁土壤线虫群落结构特征及影响因子

一、西沙岛礁土壤线虫群落结构

通过比较西沙岛礁东岛和永兴岛各种外来植物不同入侵程度样地的土壤线虫群落结构发现，食细菌性线虫为优势种群，占总虫数的比例均为最高（图 4–5、图 4–6）。东岛所有样地的土壤线虫数量在干季和湿季有明显的差异，湿季的土壤线虫总数量激增；与原生植被相比，外来植物入侵样地的食细菌性线虫的比例均有所下降（图 4–7）。永兴岛的原生植被和孪花蟛蜞菊重度入侵样地的土壤线虫总数量在湿季均有所下降，但土壤线虫营养类群结构相似（图 4–8），而轻度入侵样地的土壤线虫总数量有所增加。

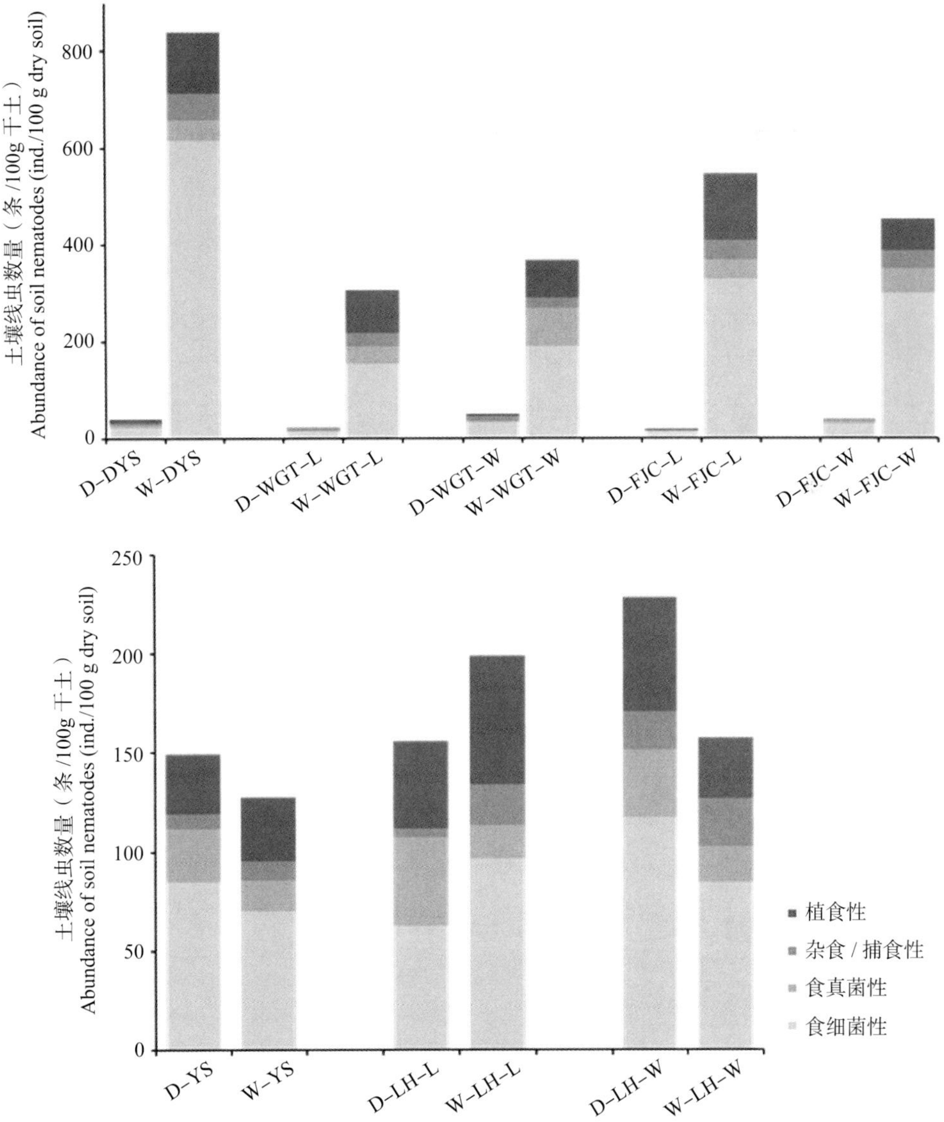

图 4–5　西沙岛礁外来植物入侵对土壤线虫数量和食性组成的影响

注：D– 干季；W– 湿季；–L 轻度入侵；–W 重度入侵；DYS 东岛原生植被；WGT 无根藤入侵；FJC 飞机草入侵；YS 永兴岛原生植被；LH 孪花蟛蜞菊。

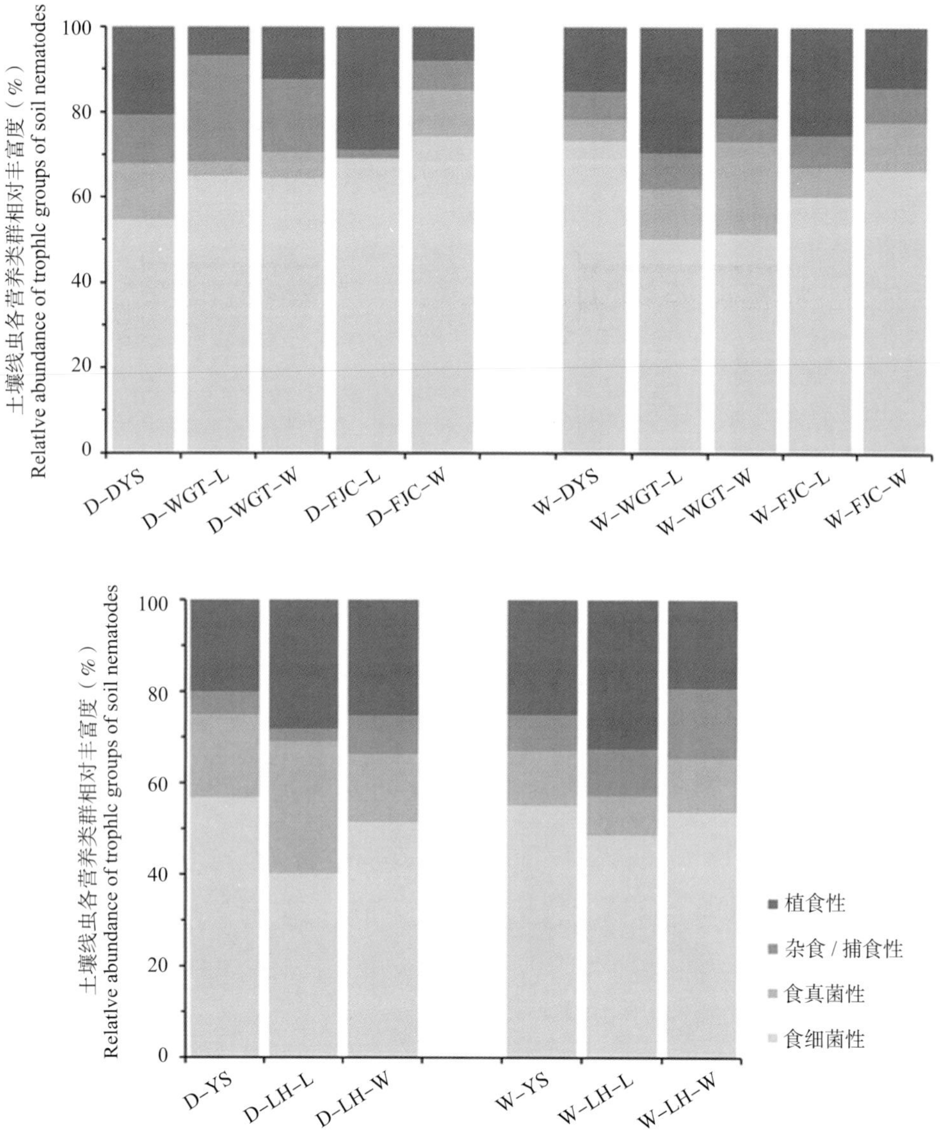

图 4-6　西沙岛礁外来植物入侵对土壤线虫营养类群结构的影响

注：D– 干季；W– 湿季；–L 轻度入侵；–W 重度入侵；DYS 东岛原生植被；WGT 无根藤入侵；FJC 飞机草入侵；YS 永兴岛原生植被；LH 李花蟛蜞菊入侵。

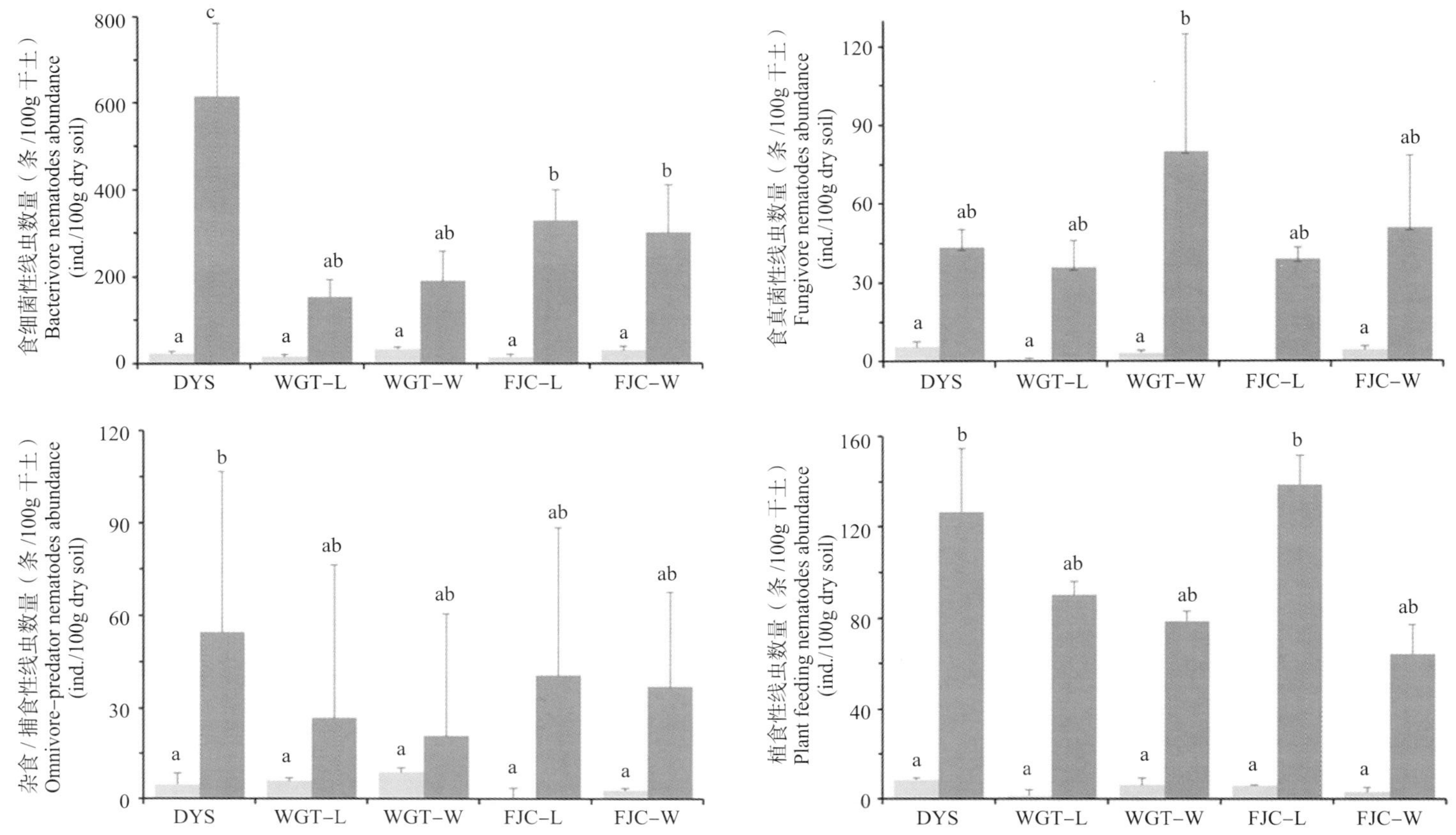

图 4-7　东岛外来植物不同入侵程度样地土壤线虫数量的比较

注：浅灰色　干季；深灰色　湿季；-L 轻度入侵；-W 重度入侵；DYS 东岛原生植被；WGT 无根藤入侵；FJC 飞机草入侵。

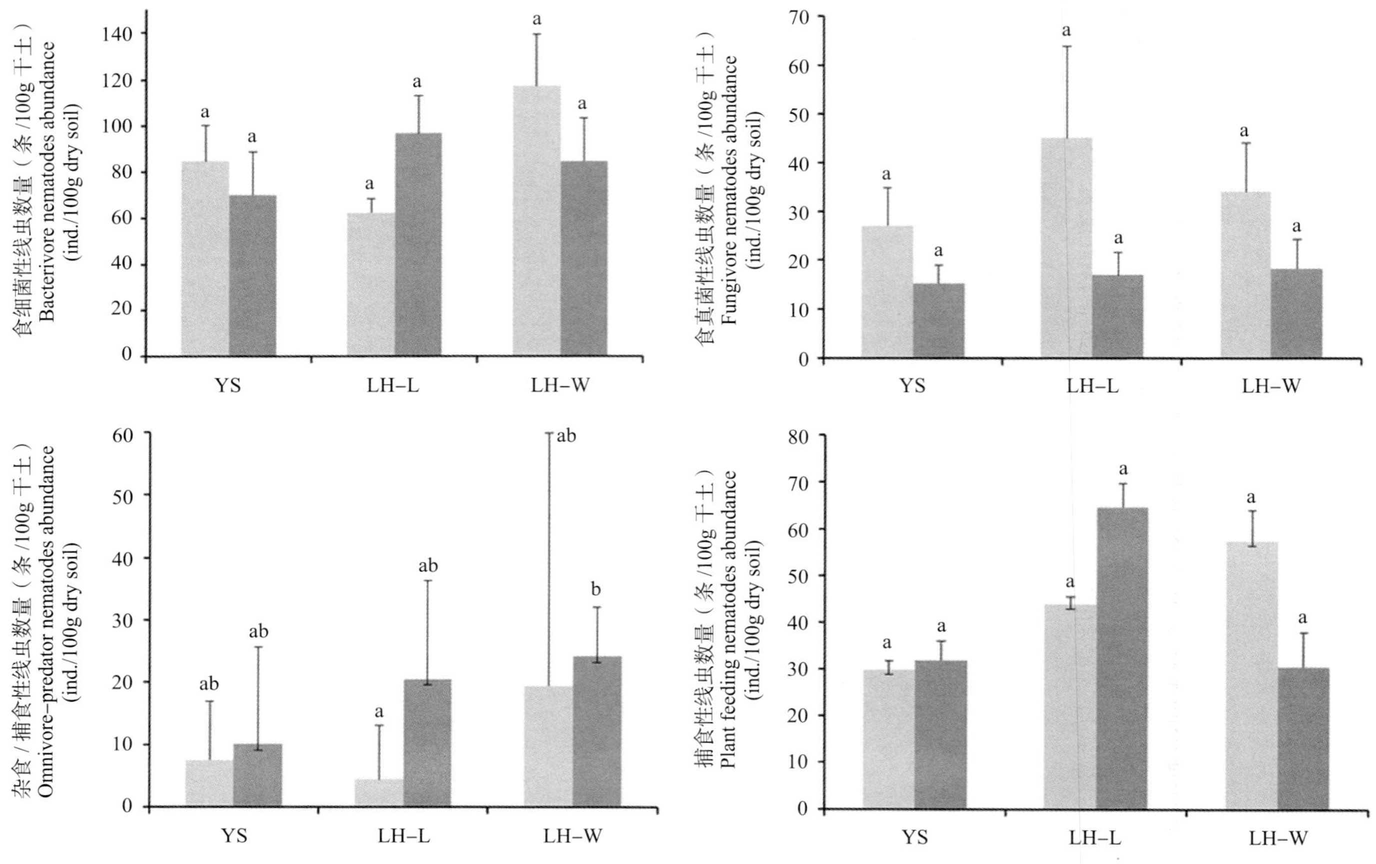

图 4-8 永兴岛外来植物不同入侵程度样地土壤线虫数量的比较

注：浅灰色 干季；深灰色 湿季；-L 轻度入侵；-W 重度入侵；YS 永兴岛原生植被；LH 孪花蟛蜞菊入侵。

二、不同植被类型土壤线虫通路比值

线虫通路比值（NCR）计算结果显示，东岛和永兴岛干季和湿季各种外来植物不同入侵程度样地的土壤能量通道均为细菌分解通道（NCR ＞ 0.5），即这些样地中有机质分解速率均较快（表 4–2）。

比较各样地不同采样季节的 NCR 值发现，在湿季时，永兴岛孪花蟛蜞菊入侵样地的 NCR 值与干季时永兴岛的所有样地和湿季时原生植被样地的 NCR 值具有显著差异，但轻度入侵和重度入侵样地之间的 NCR 没有显著差异，这可能是因为在湿季时植被可获得、利用的土壤水分增加，而入侵植物的生长比原生植被的要快速得多，从而间接引起有机质分解速率的提高。在干季时，东岛原生植被的 NCR 值与无根藤和飞机草轻度入侵样地的 NCR 值均有显著差异，而在湿季时，无根藤重度入侵样地的 NCR 值显著小于其他 4 种类型样地，且小于干季时的 NCR 值。

表 4–2　干季和湿季各种外来植物不同入侵程度样地的线虫通路比值（NCR）

季节	永兴岛			东岛				
	YS	LH–L	LH–W	DYS	WGT–L	WGT–W	FJC–L	FJC–W
干季	0.780abc	0.663a	0.816abcd	0.783abc	0.958de	0.925cde	1.000e	0.884bced
湿季	0.807abcd	0.846becd	0.834bcd	0.918bcde	0.832bcd	0.754ab	0.880bcde	0.908bcde

注：数值下标注同样的字母表示各个岛内不同植物不同入侵程度样地的线虫通路比值在 $P < 0.05$ 的水平上没有显著性差异；–L 轻度入侵；–W 重度入侵；DYS 东岛原生植被；WGT 无根藤入侵；FJC 飞机草入侵；YS 永兴岛原生植被；LH 孪花蟛蜞菊入侵。

三、土壤线虫食性结构与环境因子的关系

土壤线虫不同食性虫数、总线虫数量、土壤理化性质和微生物生物量等数据经过对数转化后，使用 Canoco v.5 软件进行 RDA 分析，结果表明土壤总氮（TN）、真菌生物量（Fungi）、革兰阴性菌生物量（G^-）、革兰阳性菌生物量（G^+）和土壤含水量（MC）为东岛土壤线虫营养类群结构的主要影响因子（图 4–9），而土壤总氮（TN）、土壤全钾含量（TK）、土壤 pH、革兰阳性菌生物量（G^+）和真菌生物量（Fungi）则为永兴岛土壤线虫营养类群结构的主要影响因子（图 4–10）。

东岛的 RDA 分析结果显示，第一轴和第二轴共解释了土壤线虫群落变异的 68.39%，总解释率为 69.05%。在环境因子中，革兰阳性菌生物量对土壤线虫数据总特征值的解释率最高，为 55.8%（$P = 0.002$），之后依次为土壤总氮（4.4%，$P = 0.004$）、革兰阴性细菌（4.1%，$P = 0.01$）、真菌（4.0%，$P = 0.01$）和土壤含水量（1.8%，$P = 0.04$）。所有测定的环境因子与不同食性线虫数量和总线虫数均呈现显著的正相关关系，其中，真菌生物量与土壤总线虫数有较强的正相关关系，革兰阴性细菌生物量与杂食 / 捕食性线虫具有较强的正相关关系。

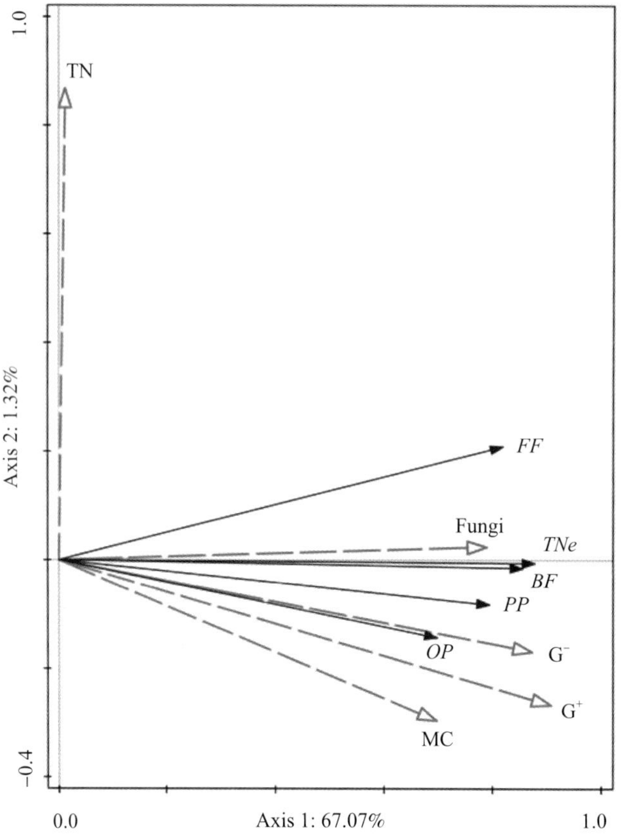

图 4-9　东岛土壤线虫群落结构与环境因子的关系

注：*PP* 植食性线虫虫数；*OP* 杂食 / 捕食性线虫虫数；*BF* 食细菌性线虫虫数；*FF* 食真菌性线虫虫数；TNe 总线虫虫数；TN 土壤总氮；Fungi 真菌生物量；G^- 革兰阴性菌生物量；G^+ 革兰阳性菌生物量；MC 土壤含水量。

永兴岛 RDA 分析结果显示，第一轴和第二轴共解释了土壤线虫群落变异的 19.87%，总解释率为 22.9%。在环境因子中，土壤全钾含量对土壤线虫数据总特征值的解释率最高，为 29.7%（$P = 0.01$），之后依次为真菌生物量（12.1%）、土壤总氮（10.5%）、革兰阳性细菌生物量（9.1%）和土壤 pH（9.0%）。土壤 pH 与各个食性土壤线虫数量和总线虫数具有负相关关系，其他 4 个环境因子则为负相关关系。其中，土壤总氮和土壤全钾含量分别对食真菌性线虫和植食性线虫具有较强的正相关关系，真菌生物量对杂食 / 捕食性线虫具有较强的正相关关系。

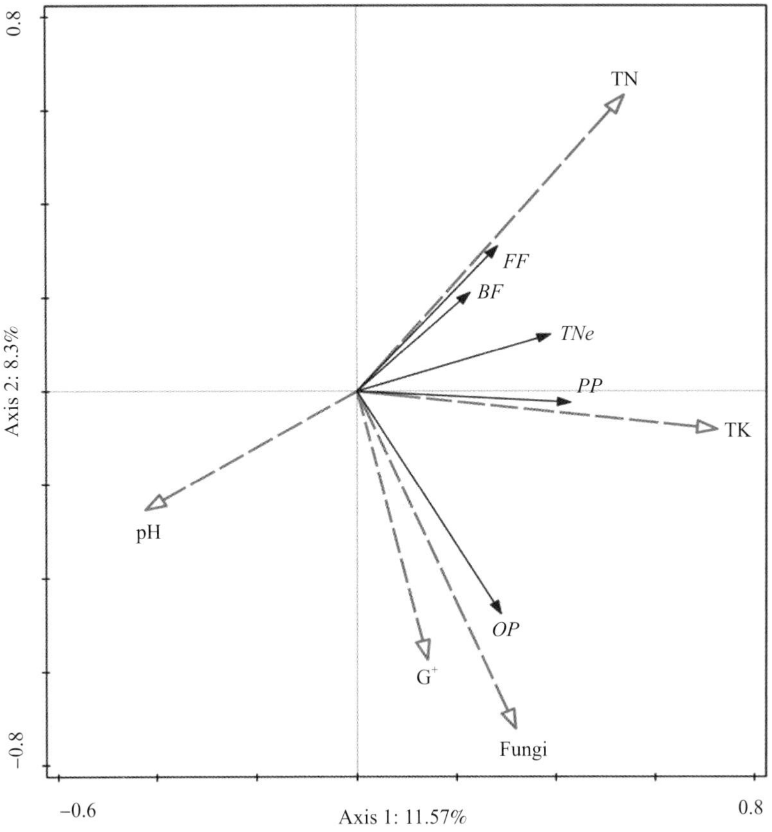

图 4-10　永兴岛土壤线虫群落结构与环境因子的关系

注：*PP* 植食性线虫虫数；*OP* 杂食 / 捕食性线虫虫数；*BF* 食细菌性线虫虫数；*FF* 食真菌性线虫虫数；*TNe* 总线虫虫数；pH 土壤 pH；TN 土壤总氮；TK 土壤全钾含量；Fungi 真菌生物量；G^+ 革兰阳性菌生物量。

四、土壤微食物网结构

使用 SPSS 软件，对西沙岛礁土壤线虫各个营养类群的线虫数量、土壤有机碳、土壤 pH 和土壤含水量的干季和湿季的数据分别进行标准化处理，使用 Amos 软件构建西沙岛礁干季和湿季土壤线虫和微生物的微食物网结构方程模型（图 4–11、图 4–12）。

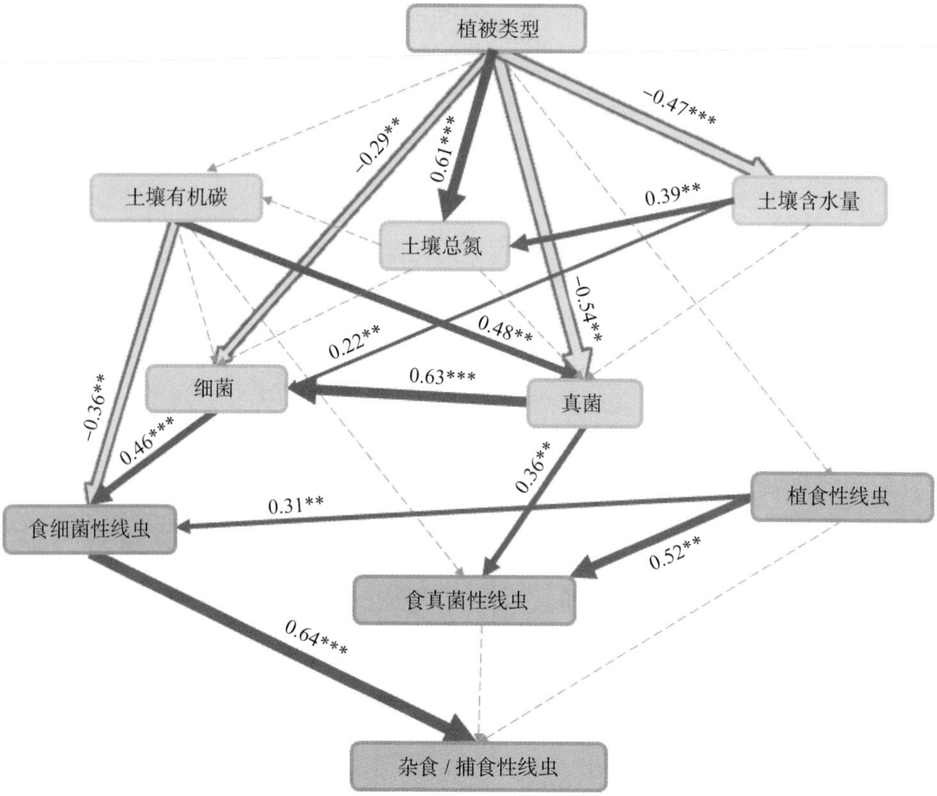

图 4–11 西沙岛礁干季土壤线虫和微生物的微食物网模型

注：箭头表示作用的方向，线的粗细表示相关系数的大小，➡表示具有显著性意义的正效应，⇨表示具有显著性意义的负效应，- - - - ➤表示效应未达到显著，** 表示在 $P < 0.05$ 的水平上显著，*** 表示在 $P < 0.01$ 的水平上显著。

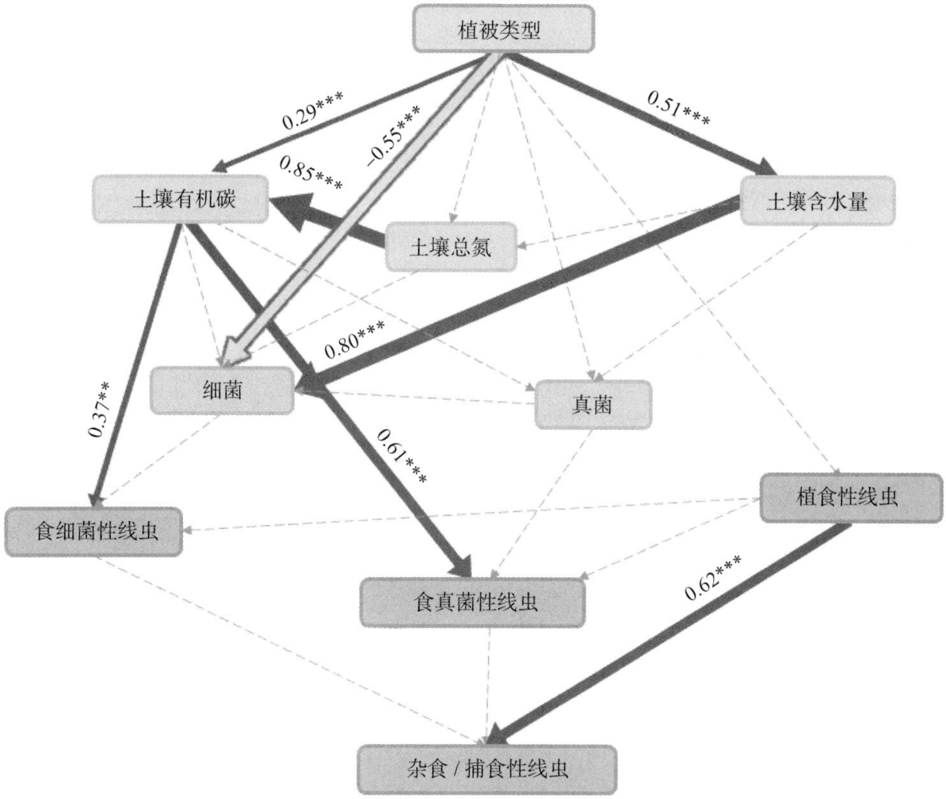

图 4-12 西沙岛礁湿季土壤线虫和微生物的微食物网模型

注：箭头表示作用的方向，线的粗细表示相关系数的大小，➡表示具有显著性意义的正效应，⇨表示具有显著性意义的负效应，- - - ->表示效应未达到显著，** 表示在 $P < 0.05$ 的水平上显著，*** 表示在 $P < 0.01$ 的水平上显著。

对比干季和湿季的土壤微食物网模型可见，土壤微食物网各成员在干季时具有更多的显著作用关系，但在湿季时部分作用关系更强。同时，分析结果表明，在植被较为成熟和稳定的阶段，植被类型对植食性线虫的数量没有显著影响；对土壤有机碳、土壤总氮含量和土壤含水量具有显著影响，但在干季和湿季呈不同的效应；对细菌和真菌生物量也有显著的负效应，但在干季时效应更强。土壤有机碳对食细菌性线虫的数量在干季时具有显著负效应，湿季时则为显著正效应；对真菌生物量只有在干季时具有正效应。土壤含水量在干季时对细菌生物量具有显著的正效应，在湿季时效应更为显著，但对真菌生物量没有显著的作用关系。土壤总氮含量对真菌生物量和细菌生物量均没有显著的作用关系。另外，细菌和真菌生物量只在干季时分别对食细菌性线虫和食真菌性线虫的数量具有显著的正效应。杂食 / 捕食性线虫数量在干季时受到食细菌性线虫数量直接的、显著的正效应作用，在湿季时则受到植食性线虫的正效应作用。研究结果表明，在植被恢复后期，植被对土壤食物网具有显著的影响，主要是通过其对土壤微生物的直接作用，以及对土壤肥力和土壤含水量的作用来影响土壤微食物网。因此，在植被恢复的后期，加强植被的维护和管理从而改善土壤肥力状况和土壤含水量，是促进土壤生物群落多样性以及土壤微食物网稳定的主要调控方向。

第三节　恢复措施及风险分析

一、南沙岛礁土壤微食物网的恢复

对比南沙岛礁和西沙岛礁的土壤微食物网可见，南沙岛礁的土壤微食物网结构较为松散，各成员间的作用关系较弱，营养级联效应不明显，特别是下行效应（捕食者控制）均不显著。这说明相比起西沙岛礁，南沙岛礁植被的恢复、土壤食物网的重建和土壤生物多样性的恢复仍存在很大的挑战。

重建土壤食物网应首先确保各成员的存活条件。土壤理化性质是制约土壤生物生存的重要因素之一。南沙岛礁的 RDA 和结构方程模型构建显示土壤盐分对土壤线虫具有负效应作用，而西沙岛礁的 RDA 和结构方程模型构建显示土壤含水量对土壤线虫和土壤微生物具有效应作用。土壤盐分和土壤含水量也是制约植物生存和生长的重要因素。因此，在对南沙岛礁植被进行恢复和对西沙岛礁植被进行管理时，应首要着重改善土壤的盐分和土壤含水量。

通过结构方程模型分析可见，土壤有机碳含量和土壤总氮含量对南沙岛礁和西沙岛礁的土壤线虫和土壤微生物均具有显著的效应作用。土壤有机碳主要来源于植物残体、凋落物、根系分泌物、微生物活体、分泌物和残体等，是土壤微生物和土壤线虫重要的食物和能量来源。在南沙岛礁，客土堆中由于长期堆积和没有植物，抗逆性较强的食细菌性线虫的虫数占了总线虫虫数的绝大部分比例（95.4%）。类似地，裸地由于缺乏植被覆盖，土壤长期受到阳光的直接暴晒，食物来源有限，只有食微生物的食细菌性线虫和食真菌性线虫能够生存。土壤氮素主要来源于空气中的游离氮、有机体及其生活过程中的排泄物和分泌物中的有机态氮和施用的氮肥等，是植物和土壤生物生存和生长所需的重要因素之一。南沙岛礁属于裸地改造，土壤中的氮含量比西沙岛礁的低，制约了植物和土壤生物的生存、生长乃至繁殖。因此，在对南沙岛礁植被进行恢复和对西沙岛礁植被进行管理时，也应关注对土壤有机碳和土壤氮素的供给。

在各成员存活的基础上，确保其群落结构的合理性有利于加强土壤食物网的营养级联效应。比较南沙岛礁和西沙岛礁各样地土壤线虫营养类群结构可见，西沙岛礁各个样地中土壤线虫营养类群结构较南沙岛礁的完整，且结构相对更为合理，这很可能是导致西沙岛礁土壤微食物网结构较南沙岛礁收紧的原因之一。在南沙岛礁，与草坪、防风固沙绿地、防风林、公共绿地和行道树这些有多种植物覆盖的样地比较而言，大面积单物种种植的藤本植物和豆科植物样地中土壤线虫营养类群结构明显不同，这可能是由于单种植物通过凋落物、根系碎屑和分泌物等向土壤输入的物质种类多样性较其他低所导致的。此外，在多种植被覆盖的样地中植食性线虫的比例明显上升，这可能是由于植物种类及其根系生物量的增加为植食性线虫提供了更多的食物来源和生存条件。因此，综合南沙岛礁与西沙岛礁的比较，以及南沙岛礁各种植被类型的情况比较，我们认为在对南沙岛礁植被进行恢复的过程中应逐渐从单一植物种类大面积种植转向多种类种植，同时加强对植被的管理，预防植物寄生病原性线虫的爆发，将土壤线虫营养类群结构进行控制。

二、潜在的植物线虫病害及防治

从线虫种类鉴定结果及食性分析的结果可见，已建立的植被存在被植食性线虫为害的风险。在鉴定到的植食性线虫种类中，根结属、茎属、短体属、肾状属和剑属被列入植物病理学十种为害最为严重的线虫，他们的部分种会引起严重的植物病害，例如，根结属寄主范围广，会侵入植物的根系内部，形成成串的球状根结，严重影响根系的发育，导致植物发育迟缓、萎蔫和根部变形等；茎属的部分种类可侵染多种植物的茎、叶、芽、花序和根，为害各类茎组织，造成植物腐烂和死亡；短体属会造成植物根系发育不良、变得粗短甚至坏死、植株生长迟缓、黄化，通常还会伴随植物病原真菌和细菌的二次为害；肾状属体前部侵入植物根内取食，导致根部肿大，根皮组织脱落、坏死和腐烂，严重影响植株生长和发育；剑属对植物根系的取食会延缓植物根系的生长，引起根部肿大，部分种类可传播严重的植物病毒。因此，有必要对这些线虫属进行进一步的鉴定和长期监控，防控南沙岛礁发生严重的植物病害。

通常，对植物病原线虫进行防治的常用技术手段有选育无病或抗病种源、土壤消毒、病残体灭杀、严格控制传播、轮作及对土壤进行改良等（冯志新，2001）。

针对根结线虫，可采取的具体防治措施有：①严格检验检疫从外地调进和本地培育的苗木，使用47~48 ℃热水浸泡病根15 min以杀死病根中的根结线虫；②加强水肥管理，多施用有机肥以提高植物耐病力；③挖除病根，进行烧毁或深埋后施加石灰或有机肥等；④使用克线磷、铁灭克、益舒宝、克线丹、米乐尔、万强等杀线剂。

针对茎属线虫，可采取的具体防治措施有：①选育无病种苗或抗病品种，清除病残体；②发生病情的区域选择与非寄主植物轮作3年以上；③使用甲基异柳磷、铁灭克、克线磷等药剂进行防治。

针对剑属线虫，最有效的方法是用克线丹、克线磷、呋喃丹等化学药剂进行灭杀，轮作有一定的效果，也有报道称用油菜籽做绿肥可成功防治剑属线虫的一些种类。

针对短体属线虫，可采取的具体防治措施有：①选育耐病性较高或抗病的植物品种；②增施有机肥和钾肥；③使用克线丹、铁灭克、益舒宝、呋喃丹等化学药剂进行防治。

针对肾状属线虫，可采取的具体防治措施有：①使用克线磷、益舒宝、万强等妖姬进行杀灭；②使用非机主植物或耐病植物进行轮作或水旱轮作。

第五章
展　望

我国热带珊瑚岛礁生态系统的保护、恢复和管理对巩固我国的海防和维护海洋权益具有重要作用。近年来，南沙岛礁部分岛礁植被的恢复建设通过人工选育、种植和管理已取得初步成效。西沙岛礁永兴岛和东岛近年来原生植被受到不同程度的外来入侵，生态系统的保护和管理任务艰巨。土壤食物网的恢复是目前恢复生态学的研究热点和难点，其中土壤线虫是土壤生态系统健康程度的一个重要指示生物，同时也是土壤食物网的主要成员之一，通过对我国热带珊瑚岛礁土壤线虫种类和群落结构进行调查和分析，可为南沙岛礁和西沙岛礁生态系统的恢复和管理提供理论支持和数据支撑。

通过调查南沙岛礁和西沙岛礁不同植被类型样地的土壤线虫，我们在属的水平上共鉴定到 46 个土壤线虫属，其中包括植食性线虫 13 个属、食真菌性线虫 4 个属、食细菌性线虫 16 个属和杂食 / 捕食性线虫 13 个属。在此基础上制定了这 46 个土壤线虫属的形态学分类鉴定检索表，为后续相关研究提供数据及背景信息支撑。这 46 个土壤线虫属均为我国的常见土壤线虫属，在我国的多个省、市均有较为广泛的分布。西沙岛礁除了分布有南沙岛礁的所有土壤线虫属之外，还分布有植食性的针属、食细菌性的丽突属、*Zeldia* 和鹿角唇属、杂食 / 捕食性的依龙属、小拱唇属和孔咽属。这在一定程度上说明，西沙岛礁的土壤线虫种类多样性高于南沙岛礁。这可能是由于西沙岛礁的植被建立和恢复的时间较南沙岛礁的长，较为稳定的植被和土壤生态系统，为土壤线虫的生存提供了良好的条件，促进了土壤线虫群落的恢复。另外，相比起南沙岛礁，西沙岛礁近年越来越频繁的物资运输、岛屿建设和改造等人类活动也促进了土壤线虫通过器械、种苗、土壤基质等物资从大陆到海岛的传播。

通过对南沙岛礁和西沙岛礁不同植被类型样地的土壤线虫群落结构进行营养类群结构分析、线虫能量通道指数分析、RDA 分析和结构模型方程构建，分别分析了南沙岛礁和西沙岛礁部分岛礁的土壤线虫群落结构及其环境影响因子、土壤食物网现状。相关结果表明，与生态系统类型相似的西沙岛礁相比，南沙岛礁的土壤微食物网结构较为松散，各成员间的作用关系较少且较弱，营养级联效应不明显，南沙岛礁植被的恢复、土壤食物网的构建和土壤生物多样性的恢复仍存在很大的挑战，也面临较大的生态风险。

土壤盐分、土壤氮含量、土壤含水量和土壤有机碳含量是目前制约我国热带珊瑚岛礁土壤生物生存和生长的 4 个主要因素。因此，在后期的植被构建、恢复和管理过程中，应尤其着重改良土壤这 4 个方面的性质。土壤盐分和土壤含氮量可通过使用土壤改良剂进行改善，土壤有机碳可通过添加土壤有机肥、基质土进行改善，土壤含水量的改善应主要依靠人工管理方法的改进。另外，还可以通过改进植物的种植方式和种植结构，比如从单一种大面积种植改为多种植物混交种植，乔、灌、草结合等方式，为土壤提供多样性的有机碳和土壤氮来源等，从而促进土壤生物多样性的恢复和结构稳定。

在本次调查研究中，根结属、茎属、短体属、肾状属和剑属这 5 种植食性线虫对刚构建、处于恢复初期的植被存在较大的潜在风险。在后续的植被深度改造、恢复和管理过程中，注意加强对引入的种苗、基质和客土等的检疫、消毒，同时使用物理或化学手段对存在较大风险和已发生病害的地块进行土壤消毒，施用药剂、肥料等对土壤条件进行改良，对植物病残体集中堆放或销毁，以维护和促进植被的进一步建立和恢复，维持生态系统健康和稳定。

参考文献

冯志新，2001. 植物线虫学［M］. 北京：中国农业出版社.

刘维志，2004. 植物线虫志［M］. 北京：中国农业出版社.

任海，简曙光，张倩媚，等，2017. 中国南海诸岛的植物和植被现状［J］. 生态环境学报，26（10）：1639–1648.

童毅，简曙光，陈权，等，2013. 中国西沙岛礁植物多样性［J］. 生物多样性，21（3）：364–374.

王玮韧，郝珖存，王俊，等，2018. 珊瑚岛礁表层土壤的主要化学性质分析［J］. 热带亚热带植物学报，26（5）：465–472.

谢辉，2005. 植物线虫分类学［M］. 2 版. 北京：高等教育出版社.

邢福武，邓双文，2018. 中国南海诸岛植物志［M］. 北京：中国林业出版社.

徐贝贝，刘楠，任海，等，2018. 西沙岛礁草海桐的抗逆生物学特性［J］. 广西植物，38（10）：1277–1285.

张晓珂，梁文举，李琪，2013. 长白山森林土壤线虫［M］. 北京：中国农业出版社.

ANDRÁSSY I, 2009. Free-living nematodes of Hungary (Nematoda errantia). Ⅲ. Pedozoologica Hungarica 5［M］. Budapest, Hungary: Hungarian Natural History Museum and Systematic Research Group of the Hungarian Academy of Sciences.

BONGERS T, FERRIS H, 1999. Nematode community structure as a bioindicator in environmental monitoring［J］. Trends Ecological Evolution, 14: 224–228.

BONGERS T, 1994. De nematoden van Nederland［J］. Utrecht: Foundation Publisher of Royal Dutch Natural History Society.

BONGERS T, 1990. The maturity index: an ecological measure of environmental disturbance based on nematode species composition［J］. Oecologia, 83: 14–19.

DE LEY P, DECRAEMER W, EYUALEM A, 2006. Introduction: summary of present knowledge and research addressing the ecology and taxonomy of freshwater nematodes［J］. In: Abebe E, Traunspurger W, Andrássy I.(Eds), Freshwater Nematodes: Ecology and Taxonomy. CABI Publishing: 3–30.

ELSHISHKA M, LAZAROVA S, RADOSLAVOV G, et al, 2015. New data on two remarkable Antarctic species *Amblydorylaimus isokaryon* (Loof, 1975) Andrássy, 1998 and *Pararhyssocolpus paradoxus* (Loof, 1975), gen. n., comb. n. (Nematoda, Dorylaimida)［J］. ZooKeys, 511: 25–68.

HOOPER D J, HALLMANN J, SUBBOTIN S A, 2005. Method for extraction, proceeding and detection of plant and soil nematodes［J］. In: Luc M, Sikora R A, Bridge J. (Eds). Plant parasitic nematodes in subtropical and tropical agriculture, 2nd edition. UK: CABI Publishing: 53–86.

HOLOVACHOV O, DE LEY I T, MUNDO-OCAMPO M, et al, 2009. Identification of cephaloboidea (Nematoda) [J] . EUMAINE, Gent and Nematology, UC Riverside.

PEÑA-SANTIAGO R, 2014. Order Dorylaimida Pearse, 1942. In: Schmidt-Rhaesa A (Eds) [J] . Gastrotricha, Cycloneuralia and Gnathifera, Vol 2: Nematoda. Germany: De Gruyter: 277–297.

PEÑA-SANTIAGO R, ÁLVAREZ-ORTEGA, S, 2014. An integrative approach to assess the phylogeny and the systematic of rounded-tailed genera of the subfamily Qudsianematinae (Nematoda, Dorylaimida) [J] . Zoologica Scripta, 43: 418–428.

RYSS A Y, 2003. Express technique to prepare permanent collection slides of nematodes [J] . Zoosystematica Rossica, 11(2): 257–260.

WU W J, XU C L, XIE H, et al, 2019. Three new species, one new genus and subfamily of Dorylaimida (de Man, 1876) Pearse, 1942, and revisions on the families Tylencholaimellidae Jairajpuri, 1964 and Mydonomidae Thorne, 1964 (Nematoda: Dorylaimida) [J] . Peer J 7, e7541.

YEATES G W, BONGERS T, 1999. Nematode diversity in agroecosystems [J] . Agriculture, Ecosystems and Environment, 74: 113–135.

YEATES G W, 2003. Nematodes as soil indicators: Functional and biodiversity aspects [J] . Biology and Fertility of Soil, 37(4): 199–210.

附　录

附表 1 南海诸岛 46 个土壤线虫属的功能团类型

属 Genus	c-p 值 c-p value	功能团 Functional guild
肾状属（*Rotylenchulus*）	3	Pl
螺旋属（*Helicotylenchus*）	3	Pl
短体属（*Pratylenchus*）	3	Pl
垫刃属（*Tylenchus*）	2	Pl
杆垫刃属（*Rhabdotylenchus*）	–	Pl
根结属（*Meloidogyne*）	3	Pl
潜根属（*Hirschmanniella*）	3	Pl
纽带属（*Hoplolaimus*）	3	Pl
针属（*Paratylenchus*）	2	Pl
中环属（*Mesocriconema*）	3	Pl
矮化属（*Tylenchorhynchus*）	3	Pl
剑属（*Xiphinema*）	5	Pl
拟毛刺属（*Paratrichodorus*）	4	Pl
茎属（*Ditylenchus*）	2	Fu
长尾滑刃属（*Seinura*）	2	Fu
真滑刃属（*Aphelenchus*）	2	Fu
垫咽属（*Tylencholaimus*）	4	Fu
距矛属（*Calcaridorylaimus*）	4	Om
中矛属（*Mesodorylaimus*）	4	Om
真矛属（*Eudorylaimus*）	4	Om
微矛属（*Microdorylaimus*）	4	Om
狭咽属（*Discolaimium*）	5	Pr
孔咽属（*Aporcelaimus*）	5	Om
小拱唇属（*Labronemella*）	4	Om
依龙属（*Ironus*）	4	Pr
拟垫咽属（*Paratylencholaimus*）	–	Om
无环属（*Aporcella*）	5	Om

续表

属 Genus	c–p 值 c–p value	功能团 Functional guild
锉齿属（*Mylonchulus*）	4	Pr
Sporonchulus	4	Pr
亚三孔属（*Tripylina*）	3	Pr
拟丽突属（*Acrobeloides*）	2	Ba
真头叶属（*Eucephalobus*）	2	Ba
头叶属（*Cephalobus*）	2	Ba
假丽突属（*Pseudacrobeles*）	2	Ba
丽突属（*Acrobeles*）	2	Ba
鹿角唇属（*Cervidellus*）	2	Ba
Zeldia	2	Ba
威尔斯属（*Wilsonema*）	2	Ba
原杆属（*Protorhabditis*）	1	Ba
杆咽属（*Rhabdolaimus*）	3	Ba
无咽属（*Alaimus*）	4	Ba
地单宫属（*Geomonhystera*）	2	Ba
伪双胃属（*Pseudodiplogasteroides*）	–	Ba
棱咽属（*Prismatolaimus*）	3	Ba
真单宫属（*Eumonhystera*）	2	Ba
绕线属（*Plectus*）	2	Ba

注：Pl 植食性；Fu 食真菌性；Ba 食细菌性；Om 杂食性（包括一般的线虫捕食者）；Pr 捕食性（包括专性线虫捕食者）。

附表2 南沙岛礁土壤线虫种类明细

样品编号	线虫种类
1	肾状属（*Rotylenchulus*）、螺旋属（*Helicotylenchus*）、中矛属（*Mesodorylaimus*）、真矛属（*Eudorylaimus*）、短体属（*Pratylenchus*）、微矛属（*Microdorylaimus*）、垫刃属（*Tylenchus*）、长尾滑刃属（*Seinura*）、绕线属（*Plectus*）、拟毛刺属（*Paratrichodorus*）
2	短体属（*Pratylenchus*）、螺旋属（*Helicotylenchus*）、拟丽突属（*Acrobeloides*）、茎属（*Ditylenchus*）、微矛属（*Microdorylaimus*）、真矛属（*Eudorylaimus*）、无咽属（*Alaimus*）、地单宫属（*Geomonhystera*）、拟垫咽属（*Paratylencholaimus*）、剑属（*Xiphinema*）
3	短体属（*Pratylenchus*）、狭咽属（*Discolaimium*）、中矛属（*Mesodorylaimus*）、真头叶属（*Eucephalobus*）、微矛属（*Microdorylaimus*）、拟垫咽属（*Paratylencholaimus*）、长尾滑刃属（*Seinura*）、真矛属（*Eudorylaimus*）、拟丽突属（*Acrobeloides*）
4	真头叶属（*Eucephalobus*）、微矛属（*Microdorylaimus*）、真矛属（*Eudorylaimus*）、狭咽属（*Discolaimium*）、中环属（*Mesocriconema*）、垫刃属（*Tylenchus*）、肾状属（*Rotylenchulus*）
5	螺旋属（*Helicotylenchus*）、真滑刃属（*Aphelenchus*）、垫刃属（*Tylenchus*）、狭咽属（*Discolaimium*）、真矛属（*Eudorylaimus*）、中矛属（*Mesodorylaimus*）、微矛属（*Microdorylaimus*）、拟垫咽属（*Paratylencholaimus*）、拟丽突属（*Acrobeloides*）、垫咽属（*Tylencholaimus*）、真头叶属（*Eucephalobus*）
6	真滑刃属（*Aphelenchus*）、拟垫咽属（*Paratylencholaimus*）、头叶属（*Cephalobus*）、假丽突属（*Pseudacrobeles*）、杆咽属（*Rhabdolaimus*）
7	拟垫咽属（*Paratylencholaimus*）、距矛属（*Calcaridorylaimus*）、真矛属（*Eudorylaimus*）、真滑刃属（*Aphelenchus*）、假丽突属（*Pseudacrobeles*）、拟丽突属（*Acrobeloides*）、棱咽属（*Prismatolaimus*）
8	拟垫咽属（*Paratylencholaimus*）、真矛属（*Eudorylaimus*）、中矛属（*Mesodorylaimus*）、头叶属（*Cephalobus*）、拟丽突属（*Acrobeloides*）
9	拟丽突属（*Acrobeloides*）、长尾滑刃属（*Seinura*）、拟垫咽属（*Paratylencholaimus*）、杆咽属（*Rhabdolaimus*）
10	中矛属（*Mesodorylaimus*）、根结属（*Meloidogyne*）、真滑刃属（*Aphelenchus*）、长尾滑刃属（*Seinura*）、微矛属（*Microdorylaimus*）、拟垫咽属（*Paratylencholaimus*）、头叶属（*Cephalobus*）、拟丽突属（*Acrobeloides*）、肾状属（*Rotylenchulus*）、假丽突属（*Pseudacrobeles*）、潜根属（*Hirschmanniella*）
11	拟垫咽属（*Paratylencholaimus*）、中矛属（*Mesodorylaimus*）、假丽突属（*Pseudacrobeles*）、长尾滑刃属（*Seinura*）、拟丽突属（*Acrobeloides*）、真单宫属（*Eumonhystera*）

续表

样品编号	线虫种类
12	中矛属（*Mesodorylaimus*）、拟垫咽属（*Paratylencholaimus*）、真矛属（*Eudorylaimus*）、狭咽属（*Discolaimium*）、假丽突属（*Pseudacrobeles*）、长尾滑刃属（*Seinura*）、肾状属（*Rotylenchulus*）、真头叶属（*Eucephalobus*）、真单宫属（*Eumonhystera*）、拟丽突属（*Acrobeloides*）、垫刃属（*Tylenchus*）
13	真矛属（*Eudorylaimus*）、真头叶属（*Eucephalobus*）、中矛属（*Mesodorylaimus*）、拟垫咽属（*Paratylencholaimus*）、真滑刃属（*Aphelenchus*）、拟丽突属（*Acrobeloides*）、假丽突属（*Pseudacrobeles*）、杆咽属（*Rhabdolaimus*）、长尾滑刃属（*Seinura*）、真单宫属（*Eumonhystera*）
14	拟垫咽属（*Paratylencholaimus*）、真滑刃属（*Aphelenchus*）、真矛属（*Eudorylaimus*）、拟丽突属（*Acrobeloides*）、垫刃属（*Tylenchus*）、长尾滑刃属（*Seinura*）、头叶属（*Cephalobus*）、杆咽属（*Rhabdolaimus*）、真单宫属（*Eumonhystera*）
15	无虫
16	真头叶属（*Eucephalobus*）、拟垫咽属（*Paratylencholaimus*）、中矛属（*Mesodorylaimus*）、真滑刃属（*Aphelenchus*）、长尾滑刃属（*Seinura*）、假丽突属（*Pseudacrobeles*）、拟丽突属（*Acrobeloides*）、绕线属（*Plectus*）、杆咽属（*Rhabdolaimus*）
17	真头叶属（*Eucephalobus*）、中矛属（*Mesodorylaimus*）、肾状属（*Rotylenchulus*）、假丽突属（*Pseudacrobeles*）、拟丽突属（*Acrobeloides*）、真矛属（*Eudorylaimus*）、杆咽属（*Rhabdolaimus*）
18	拟垫咽属（*Paratylencholaimus*）、肾状属（*Rotylenchulus*）、中矛属（*Mesodorylaimus*）、头叶属（*Cephalobus*）、根结属（*Meloidogyne*）、拟丽突属（*Acrobeloides*）、长尾滑刃属（*Seinura*）、假丽突属（*Pseudacrobeles*）
19	肾状属（*Rotylenchulus*）、拟丽突属（*Acrobeloides*）、拟垫咽属（*Paratylencholaimus*）、中矛属（*Mesodorylaimus*）、真滑刃属（*Aphelenchus*）、垫刃属（*Tylenchus*）、长尾滑刃属（*Seinura*）、狭咽属（*Discolaimium*）
20	肾状属（*Rotylenchulus*）、中矛属（*Mesodorylaimus*）、真滑刃属（*Aphelenchus*）、长尾滑刃属（*Seinura*）、头叶属（*Cephalobus*）、假丽突属（*Pseudacrobeles*）、杆咽属（*Rhabdolaimus*）
21	垫刃属（*Tylenchus*）、假丽突属（*Pseudacrobeles*）、头叶属（*Cephalobus*）、肾状属（*Rotylenchulus*）、杆咽属（*Rhabdolaimus*）
22	中矛属（*Mesodorylaimus*）、拟丽突属（*Acrobeloides*）、垫咽属（*Tylencholaimus*）、拟垫咽属（*Paratylencholaimus*）、头叶属（*Cephalobus*）、假丽突属（*Pseudacrobeles*）、杆咽属（*Rhabdolaimus*）、真单宫属（*Eumonhystera*）、真滑刃属（*Aphelenchus*）
23	杆垫刃属（*Rhabdotylenchus*）、中矛属（*Mesodorylaimus*）、拟垫咽属（*Paratylencholaimus*）、拟丽突属（*Acrobeloides*）、长尾滑刃属（*Seinura*）、头叶属（*Cephalobus*）、真单宫属（*Eumonhystera*）、杆咽属（*Rhabdolaimus*）
24	原杆属（*Protorhabditis*）、长尾滑刃属（*Seinura*）、垫刃属（*Tylenchus*）

续表

样品编号	线虫种类
25	中矛属（*Mesodorylaimus*）、真矛属（*Eudorylaimus*）、拟丽突属（*Acrobeloides*）、真头叶属（*Eucephalobus*）、拟垫咽属（*Paratylencholaimus*）、杆咽属（*Rhabdolaimus*）、肾状属（*Rotylenchulus*）、长尾滑刃属（*Seinura*）、根结属（*Meloidogyne*）
26	螺旋属（*Helicotylenchus*）、中环属（*Mesocriconema*）、真矛属（*Eudorylaimus*）、拟垫咽属（*Paratylencholaimus*）、肾状属（*Rotylenchulus*）
27	中环属（*Mesocriconema*）、拟丽突属（*Acrobeloides*）、长尾滑刃属（*Seinura*）、螺旋属（*Helicotylenchus*）、真矛属（*Eudorylaimus*）、头叶属（*Cephalobus*）
28	螺旋属（*Helicotylenchus*）、真矛属（*Eudorylaimus*）、拟垫咽属（*Paratylencholaimus*）、中环属（*Mesocriconema*）、头叶属（*Cephalobus*）、拟丽突属（*Acrobeloides*）、亚三孔属（*Tripylina*）
29	螺旋属（*Helicotylenchus*）、中环属（*Mesocriconema*）、拟丽突属（*Acrobeloides*）、中矛属（*Mesodorylaimus*）、垫刃属（*Tylenchus*）、拟垫咽属（*Paratylencholaimus*）、头叶属（*Cephalobus*）、杆咽属（*Rhabdolaimus*）
30	螺旋属（*Helicotylenchus*）、中矛属（*Mesodorylaimus*）、拟垫咽属（*Paratylencholaimus*）、真矛属（*Eudorylaimus*）、长尾滑刃属（*Seinura*）、头叶属（*Cephalobus*）、拟丽突属（*Acrobeloides*）
31	中矛属（*Mesodorylaimus*）、拟丽突属（*Acrobeloides*）、真头叶属（*Eucephalobus*）、拟垫咽属（*Paratylencholaimus*）、原杆属（*Protorhabditis*）
32	中矛属（*Mesodorylaimus*）、拟丽突属（*Acrobeloides*）、真滑刃属（*Aphelenchus*）、长尾滑刃属（*Seinura*）、垫刃属（*Tylenchus*）
33	中矛属（*Mesodorylaimus*）、真矛属（*Eudorylaimus*）、拟垫咽属（*Paratylencholaimus*）、根结属（*Meloidogyne*）、拟丽突属（*Acrobeloides*）
34	拟丽突属（*Acrobeloides*）、根结属（*Meloidogyne*）、长尾滑刃属（*Seinura*）、真滑刃属（*Aphelenchus*）、垫刃属（*Tylenchus*）、原杆属（*Protorhabditis*）、头叶属（*Cephalobus*）、杆咽属（*Rhabdolaimus*）
35	真滑刃属（*Aphelenchus*）、根结属（*Meloidogyne*）、拟丽突属（*Acrobeloides*）、中矛属（*Mesodorylaimus*）、拟垫咽属（*Paratylencholaimus*）、长尾滑刃属（*Seinura*）
36	中矛属（*Mesodorylaimus*）、拟丽突属（*Acrobeloides*）、真滑刃属（*Aphelenchus*）、长尾滑刃属（*Seinura*）、根结属（*Meloidogyne*）、真头叶属（*Eucephalobus*）、假丽突属（*Pseudacrobeles*）、原杆属（*Protorhabditis*）
37	真滑刃属（*Aphelenchus*）、拟丽突属（*Acrobeloides*）、中矛属（*Mesodorylaimus*）、原杆属（*Protorhabditis*）、根结属（*Meloidogyne*）、长尾滑刃属（*Seinura*）、垫刃属（*Tylenchus*）
38	拟垫咽属（*Paratylencholaimus*）、中矛属（*Mesodorylaimus*）、长尾滑刃属（*Seinura*）、拟丽突属（*Acrobeloides*）、假丽突属（*Pseudacrobeles*）

续表

样品编号	线虫种类
39	拟丽突属（*Acrobeloides*）、真滑刃属（*Aphelenchus*）、中矛属（*Mesodorylaimus*）、拟垫咽属（*Paratylencholaimus*）、头叶属（*Cephalobus*）、螺旋属（*Helicotylenchus*）、无环属（*Aporcella*）、根结属（*Meloidogyne*）、肾状属（*Rotylenchulus*）、原杆属（*Protorhabditis*）
40	长尾滑刃属（*Seinura*）、拟丽突属（*Acrobeloides*）、中矛属（*Mesodorylaimus*）、真矛属（*Eudorylaimus*）、真滑刃属（*Aphelenchus*）、根结属（*Meloidogyne*）、拟垫咽属（*Paratylencholaimus*）、原杆属（*Protorhabditis*）、垫刃属（*Tylenchus*）
41	真矛属（*Eudorylaimus*）、中矛属（*Mesodorylaimus*）、短体属（*Pratylenchus*）、真滑刃属（*Aphelenchus*）、原杆属（*Protorhabditis*）、头叶属（*Cephalobus*）、杆咽属（*Rhabdolaimus*）、垫刃属（*Tylenchus*）、拟丽突属（*Acrobeloides*）
42	拟丽突属（*Acrobeloides*）、无咽属（*Alaimus*）、拟毛刺属（*Paratrichodorus*）、中矛属（*Mesodorylaimus*）、真滑刃属（*Aphelenchus*）、垫刃属（*Tylenchus*）、原杆属（*Protorhabditis*）、杆咽属（*Rhabdolaimus*）
43	肾状属（*Rotylenchulus*）
44	拟垫咽属（*Paratylencholaimus*）、拟丽突属（*Acrobeloides*）、头叶属（*Cephalobus*）、真矛属（*Eudorylaimus*）、假丽突属（*Pseudacrobeles*）
45	中矛属（*Mesodorylaimus*）、拟垫咽属（*Paratylencholaimus*）、拟丽突属（*Acrobeloides*）、长尾滑刃属（*Seinura*）、根结属（*Meloidogyne*）、真矛属（*Eudorylaimus*）、杆咽属（*Rhabdolaimus*）、假丽突属（*Pseudacrobeles*）、垫刃属（*Tylenchus*）
46	真矛属（*Eudorylaimus*）、剑属（*Xiphinema*）、中矛属（*Mesodorylaimus*）、短体属（*Pratylenchus*）、原杆属（*Protorhabditis*）、假丽突属（*Pseudacrobeles*）
47	剑属（*Xiphinema*）、真矛属（*Eudorylaimus*）、短体属（*Pratylenchus*）、锉齿属（*Mylonchulus*）、拟垫咽属（*Paratylencholaimus*）、拟丽突属（*Acrobeloides*）、真头叶属（*Eucephalobus*）、中矛属（*Mesodorylaimus*）、真滑刃属（*Aphelenchus*）
48	矮化属（*Tylenchorhynchus*）、真矛属（*Eudorylaimus*）、狭咽属（*Discolaimium*）、拟垫咽属（*Paratylencholaimus*）、锉齿属（*Mylonchulus*）、中矛属（*Mesodorylaimus*）、短体属（*Pratylenchus*）、拟丽突属（*Acrobeloides*）、剑属（*Xiphinema*）、真滑刃属（*Aphelenchus*）、原杆属（*Protorhabditis*）
49	中矛属（*Mesodorylaimus*）、拟垫咽属（*Paratylencholaimus*）、拟丽突属（*Acrobeloides*）、真矛属（*Eudorylaimus*）
50	*Sporonchulus*、真矛属（*Eudorylaimus*）、拟垫咽属（*Paratylencholaimus*）、亚三孔属（*Tripylina*）、中矛属（*Mesodorylaimus*）、真滑刃属（*Aphelenchus*）、拟丽突属（*Acrobeloides*）、原杆属（*Protorhabditis*）、长尾滑刃属（*Seinura*）
51	无虫
52	无虫

续表

样品编号	线虫种类
53	长尾滑刃属（*Seinura*）、杆咽属（*Rhabdolaimus*）
54	头叶属（*Cephalobus*）、拟丽突属（*Acrobeloides*）、拟垫咽属（*Paratylencholaimus*）、真头叶属（*Eucephalobus*）、中矛属（*Mesodorylaimus*）、真矛属（*Eudorylaimus*）、亚三孔属（*Tripylina*）、真滑刃属（*Aphelenchus*）
55	中环属（*Mesocriconema*）、矮化属（*Tylenchorhynchus*）、根结属（*Meloidogyne*）、中矛属（*Mesodorylaimus*）、长尾滑刃属（*Seinura*）、头叶属（*Cephalobus*）、真头叶属（*Eucephalobus*）
56	伪双胃属（*Pseudodiplogasteroides*）、杆咽属（*Rhabdolaimus*）、中矛属（*Mesodorylaimus*）、垫刃属（*Tylenchus*）、矮化属（*Tylenchorhynchus*）、狭咽属（*Discolaimium*）、棱咽属（*Prismatolaimus*）、原杆属（*Protorhabditis*）
57	拟丽突属（*Acrobeloides*）、中矛属（*Mesodorylaimus*）、伪双胃属（*Pseudodiplogasteroides*）、杆咽属（*Rhabdolaimus*）、头叶属（*Cephalobus*）、真矛属（*Eudorylaimus*）、长尾滑刃属（*Seinura*）
58	无虫
59	长尾滑刃属（*Seinura*）、肾状属（*Rotylenchulus*）、头叶属（*Cephalobus*）、中矛属（*Mesodorylaimus*）、微矛属（*Microdorylaimus*）、拟垫咽属（*Paratylencholaimus*）、假丽突属（*Pseudacrobeles*）、拟丽突属（*Acrobeloides*）
60	中环属（*Mesocriconema*）、真矛属（*Eudorylaimus*）、拟丽突属（*Acrobeloides*）、中矛属（*Mesodorylaimus*）、棱咽属（*Prismatolaimus*）、垫刃属（*Tylenchus*）、微矛属（*Microdorylaimus*）、杆咽属（*Rhabdolaimus*）
61	无环属（*Aporcella*）、真矛属（*Eudorylaimus*）、纽带属（*Hoplolaimus*）、中矛属（*Mesodorylaimus*）、真滑刃属（*Aphelenchus*）、头叶属（*Cephalobus*）

附表 3　西沙岛礁土壤线虫种类明细

	样品编号	线虫种类
1	YX1	拟丽突属（*Acrobeloides*）、原杆属（*Protorhabditis*）、长尾滑刃属（*Seinura*）、真滑刃属（*Aphelenchus*）、真矛属（*Eudorylaimus*）、微矛属（*Microdorylaimus*）、针属（*Paratylenchus*）、矮化属（*Tylenchorhynchus*）
2	YX2	拟丽突属（*Acrobeloides*）、原杆属（*Protorhabditis*）、真滑刃属（*Aphelenchus*）
3	YX3	拟丽突属（*Acrobeloides*）、真单宫属（*Eumonhystera*）、原杆属（*Protorhabditis*）、威尔斯属（*Wilsonema*）、假丽突属（*Pseudacrobeles*）亚三孔属（*Tripylina*）、长尾滑刃属（*Seinura*）、真滑刃属（*Aphelenchus*）、中矛属（*Mesodorylaimus*）、微矛属（*Microdorylaimus*）、垫刃属（*Tylenchus*）、针属（*Paratylenchus*）、矮化属（*Tylenchorhynchus*）
4	YX4	拟丽突属（*Acrobeloides*）、无咽属（*Alaimus*）、鹿角唇属（*Cervidellus*）、真头叶属（*Eucephalobus*）、真单宫属（*Eumonhystera*）、原杆属（*Protorhabditis*）、绕线属（*Plectus*）、威尔斯属（*Wilsonema*）、假丽突属（*Pseudacrobeles*）、长尾滑刃属（*Seinura*）、真滑刃属（*Aphelenchus*）、真矛属（*Eudorylaimus*）、螺旋属（*Helicotylenchus*）
5	YX5	拟丽突属（*Acrobeloides*）、鹿角唇属（*Cervidellus*）、真头叶属（*Eucephalobus*）、真单宫属（*Eumonhystera*）、长尾滑刃属（*Seinura*）、真滑刃属（*Aphelenchus*）、真矛属（*Eudorylaimus*）、狭咽属（*Discolaimium*）、中矛属（*Mesodorylaimus*）、微矛属（*Microdorylaimus*）、螺旋属（*Helicotylenchus*）、针属（*Paratylenchus*）、剑属（*Xiphinema*）、矮化属（*Tylenchorhynchus*）
6	YX6	拟丽突属（*Acrobeloides*）、鹿角唇属（*Cervidellus*）、真头叶属（*Eucephalobus*）、威尔斯属（*Wilsonema*）、假丽突属（*Pseudacrobeles*）、原杆属（*Protorhabditis*）、长尾滑刃属（*Seinura*）、真滑刃属（*Aphelenchus*）、亚三孔属（*Tripylina*）、螺旋属（*Helicotylenchus*）、垫刃属（*Tylenchus*）、剑属（*Xiphinema*）、矮化属（*Tylenchorhynchus*）、针属（*Paratylenchus*）
7	YX7	拟丽突属（*Acrobeloides*）、鹿角唇属（*Cervidellus*）、真头叶属（*Eucephalobus*）、假丽突属（*Pseudacrobeles*）、原杆属（*Protorhabditis*）、长尾滑刃属（*Seinura*）、真滑刃属（*Aphelenchus*）、剑属（*Xiphinema*）、矮化属（*Tylenchorhynchus*）、针属（*Paratylenchus*）
8	YX8	拟丽突属（*Acrobeloides*）、鹿角唇属（*Cervidellus*）、真单宫属（*Eumonhystera*）、杆咽属（*Rhabdolaimus*）、威尔斯属（*Wilsonema*）、假丽突属（*Pseudacrobeles*）、丽突属（*Acrobeles*）、长尾滑刃属（*Seinura*）、真滑刃属（*Aphelenchus*）、真矛属（*Eudorylaimus*）、亚三孔属（*Tripylina*）、螺旋属（*Helicotylenchus*）、垫刃属（*Tylenchus*）、矮化属（*Tylenchorhynchus*）、针属（*Paratylenchus*）

续表

	样品编号	线虫种类
9	YX9	拟丽突属（*Acrobeloides*）、真头叶属（*Eucephalobus*）、真单宫属（*Eumonhystera*）、杆咽属（*Rhabdolaimus*）、假丽突属（*Pseudacrobeles*）、丽突属（*Acrobeles*）、长尾滑刃属（*Seinura*）、真滑刃属（*Aphelenchus*）、真矛属（*Eudorylaimus*）、矮化属（*Tylenchorhynchus*）、针属（*Paratylenchus*）
10	YX10	拟丽突属（*Acrobeloides*）、真头叶属（*Eucephalobus*）、真单宫属（*Eumonhystera*）、绕线属（*Plectus*）、杆咽属（*Rhabdolaimus*）、威尔斯属（*Wilsonema*）、原杆属（*Protorhabditis*）、长尾滑刃属（*Seinura*）、真滑刃属（*Aphelenchus*）、真矛属（*Eudorylaimus*）、亚三孔属（*Tripylina*）、剑属（*Xiphinema*）、矮化属（*Tylenchorhynchus*）、针属（*Paratylenchus*）
11	YX11	拟丽突属（*Acrobeloides*）、真头叶属（*Eucephalobus*）、真单宫属（*Eumonhystera*）、绕线属（*Plectus*）、杆咽属（*Rhabdolaimus*）、威尔斯属（*Wilsonema*）、假丽突属（*Pseudacrobeles*）、丽突属（*Acrobeles*）、原杆属（*Protorhabditis*）、长尾滑刃属（*Seinura*）、真滑刃属（*Aphelenchus*）、真矛属（*Eudorylaimus*）、亚三孔属（*Tripylina*）、矮化属（*Tylenchorhynchus*）
12	YX12	拟丽突属（*Acrobeloides*）、真头叶属（*Eucephalobus*）、真单宫属（*Eumonhystera*）、杆咽属（*Rhabdolaimus*）、假丽突属（*Pseudacrobeles*）、原杆属（*Protorhabditis*）、伪双胃属（*Pseudodiplogasteroides*）、长尾滑刃属（*Seinura*）、真滑刃属（*Aphelenchus*）、亚三孔属（*Tripylina*）、矮化属（*Tylenchorhynchus*）、针属（*Paratylenchus*）
13	YX13	拟丽突属（*Acrobeloides*）、真头叶属（*Eucephalobus*）、真单宫属（*Eumonhystera*）、假丽突属（*Pseudacrobeles*）、原杆属（*Protorhabditis*）、真矛属（*Eudorylaimus*）、锉齿属（*Mylonchulus*）、亚三孔属（*Tripylina*）、针属（*Paratylenchus*）、中环属（*Mesocriconema*）
14	YX14	拟丽突属（*Acrobeloides*）、鹿角唇属（*Cervidellus*）、绕线属（*Plectus*）、杆咽属（*Rhabdolaimus*）、威尔斯属（*Wilsonema*）、假丽突属（*Pseudacrobeles*）、原杆属（*Protorhabditis*）、长尾滑刃属（*Seinura*）、真滑刃属（*Aphelenchus*）、狭咽属（*Discolaimium*）、真矛属（*Eudorylaimus*）、亚三孔属（*Tripylina*）、针属（*Paratylenchus*）
15	YX15	拟丽突属（*Acrobeloides*）、鹿角唇属（*Cervidellus*）、真头叶属（*Eucephalobus*）、真单宫属（*Eumonhystera*）、杆咽属（*Rhabdolaimus*）、威尔斯属（*Wilsonema*）、假丽突属（*Pseudacrobeles*）、丽突属（*Acrobeles*）、长尾滑刃属（*Seinura*）、真滑刃属（*Aphelenchus*）、狭咽属（*Discolaimium*）、小拱唇属（*Labronemella*）、真矛属（*Eudorylaimus*）、矮化属（*Tylenchorhynchus*）、针属（*Paratylenchus*）
16	YS1	拟丽突属（*Acrobeloides*）、真单宫属（*Eumonhystera*）、杆咽属（*Rhabdolaimus*）、假丽突属（*Pseudacrobeles*）、真滑刃属（*Aphelenchus*）、真矛属（*Eudorylaimus*）、拟垫咽属（*Paratylencholaimus*）、短体属（*Pratylenchus*）、矮化属（*Tylenchorhynchus*）

续表

	样品编号	线虫种类
17	YS2	拟丽突属（*Acrobeloides*）、假丽突属（*Pseudacrobeles*）、原杆属（*Protorhabditis*）、长尾滑刃属（*Seinura*）、茎属（*Ditylenchus*）、真矛属（*Eudorylaimus*）、微矛属（*Microdorylaimus*）、矮化属（*Tylenchorhynchus*）
18	YS3	丽突属（*Acrobeles*）、拟丽突属（*Acrobeloides*）、杆咽属（*Rhabdolaimus*）、威尔斯属（*Wilsonema*）、假丽突属（*Pseudacrobeles*）、亚三孔属（*Tripylina*）、矮化属（*Tylenchorhynchus*）
19	YS4	丽突属（*Acrobeles*）、拟丽突属（*Acrobeloides*）、头叶属（*Cephalobus*）、伪双胃属（*Pseudodiplogasteroides*）、长尾滑刃属（*Seinura*）、真矛属（*Eudorylaimus*）、微矛属（*Microdorylaimus*）、剑属（*Xiphinema*）、矮化属（*Tylenchorhynchus*）
20	YS5	拟丽突属（*Acrobeloides*）、伪双胃属（*Pseudodiplogasteroides*）、杆咽属（*Rhabdolaimus*）、长尾滑刃属（*Seinura*）、孔咽属（*Aporcelaimus*）、亚三孔属（*Tripylina*）、矮化属（*Tylenchorhynchus*）
21	WGT–L1	假丽突属（*Pseudacrobeles*）、真矛属（*Eudorylaimus*）
22	WGT–L2	拟丽突属（*Acrobeloides*）、鹿角唇属（*Cervidellus*）、杆咽属（*Rhabdolaimus*）、威尔斯属（*Wilsonema*）、假丽突属（*Pseudacrobeles*）、地单宫属（*Geomonhystera*）、长尾滑刃属（*Seinura*）、狭咽属（*Discolaimium*）、真矛属（*Eudorylaimus*）、拟垫咽属（*Paratylencholaimus*）、短体属（*Pratylenchus*）、垫刃属（*Tylenchus*）
23	WGT–L3	丽突属（*Acrobeles*）、拟丽突属（*Acrobeloides*）、头叶属（*Cephalobus*）、鹿角唇属（*Cervidellus*）、威尔斯属（*Wilsonema*）、假丽突属（*Pseudacrobeles*）、真矛属（*Eudorylaimus*）、亚三孔属（*Tripylina*）、短体属（*Pratylenchus*）
24	WGT–L4	拟丽突属（*Acrobeloides*）、鹿角唇属（*Cervidellus*）、假丽突属（*Pseudacrobeles*）、长尾滑刃属（*Seinura*）
25	WGT–L5	鹿角唇属（*Cervidellus*）、假丽突属（*Pseudacrobeles*）、真矛属（*Eudorylaimus*）
26	WGT–W1	丽突属（*Acrobeles*）、拟丽突属（*Acrobeloides*）、杆咽属（*Rhabdolaimus*）、威尔斯属（*Wilsonema*）、假丽突属（*Pseudacrobeles*）、地单宫属（*Geomonhystera*）、长尾滑刃属（*Seinura*）、狭咽属（*Discolaimium*）、真矛属（*Eudorylaimus*）、锉齿属（*Mylonchulus*）、亚三孔属（*Tripylina*）、短体属（*Pratylenchus*）、矮化属（*Tylenchorhynchus*）
27	WGT–W2	丽突属（*Acrobeles*）、拟丽突属（*Acrobeloides*）、真头叶属（*Eucephalobus*）、杆咽属（*Rhabdolaimus*）、长尾滑刃属（*Seinura*）、狭咽属（*Discolaimium*）、真矛属（*Eudorylaimus*）、亚三孔属（*Tripylina*）、垫刃属（*Tylenchus*）、剑属（*Xiphinema*）
28	WGT–W3	丽突属（*Acrobeles*）、拟丽突属（*Acrobeloides*）、真头叶属（*Eucephalobus*）、杆咽属（*Rhabdolaimus*）、地单宫属（*Geomonhystera*）、长尾滑刃属（*Seinura*）、狭咽属（*Discolaimium*）、真矛属（*Eudorylaimus*）、拟垫咽属（*Paratylencholaimus*）、短体属（*Pratylenchus*）、垫刃属（*Tylenchus*）

续表

	样品编号	线虫种类
29	WGT-W4	丽突属（*Acrobeles*）、拟丽突属（*Acrobeloides*）、真头叶属（*Eucephalobus*）、杆咽属（*Rhabdolaimus*）、真矛属（*Eudorylaimus*）、短体属（*Pratylenchus*）、垫刃属（*Tylenchus*）
30	WGT-W5	丽突属（*Acrobeles*）、拟丽突属（*Acrobeloides*）、鹿角唇属（*Cervidellus*）、真头叶属（*Eucephalobus*）、假丽突属（*Pseudacrobeles*）、长尾滑刃属（*Seinura*）、真滑刃属（*Aphelenchus*）、矮化属（*Tylenchorhynchus*）
31	FJC-L1	拟丽突属（*Acrobeloides*）、假丽突属（*Pseudacrobeles*）、矮化属（*Tylenchorhynchus*）
32	FJC-L2	假丽突属（*Pseudacrobeles*）、矮化属（*Tylenchorhynchus*）
33	FJC-L3	拟丽突属（*Acrobeloides*）、鹿角唇属（*Cervidellus*）、假丽突属（*Pseudacrobeles*）、矮化属（*Tylenchorhynchus*）
34	FJC-L4	拟丽突属（*Acrobeloides*）、鹿角唇属（*Cervidellus*）、真头叶属（*Eucephalobus*）、假丽突属（*Pseudacrobeles*）、依龙属（*Ironus*）、狭咽属（*Discolaimium*）
35	FJC-L5	拟丽突属（*Acrobeloides*）、假丽突属（*Pseudacrobeles*）、地单宫属（*Geomonhystera*）、矮化属（*Tylenchorhynchus*）
36	FJC-W1	拟丽突属（*Acrobeloides*）、鹿角唇属（*Cervidellus*）、真头叶属（*Eucephalobus*）、真单宫属（*Eumonhystera*）、假丽突属（*Pseudacrobeles*）、长尾滑刃属（*Seinura*）、狭咽属（*Discolaimium*）、真矛属（*Eudorylaimus*）、*Sporonchulus*、矮化属（*Tylenchorhynchus*）
37	FJC-W2	拟丽突属（*Acrobeloides*）、真头叶属（*Eucephalobus*）、威尔斯属（*Wilsonema*）、假丽突属（*Pseudacrobeles*）、长尾滑刃属（*Seinura*）、矮化属（*Tylenchorhynchus*）
38	FJC-W3	拟丽突属（*Acrobeloides*）、鹿角唇属（*Cervidellus*）、真头叶属（*Eucephalobus*）、假丽突属（*Pseudacrobeles*）、长尾滑刃属（*Seinura*）、真滑刃属（*Aphelenchus*）、矮化属（*Tylenchorhynchus*）
39	FJC-W4	杆咽属（*Rhabdolaimus*）、假丽突属（*Pseudacrobeles*）、依龙属（*Ironus*）、矮化属（*Tylenchorhynchus*）
40	FJC-W5	拟丽突属（*Acrobeloides*）、鹿角唇属（*Cervidellus*）、真头叶属（*Eucephalobus*）、假丽突属（*Pseudacrobeles*）、地单宫属（*Geomonhystera*）、长尾滑刃属（*Seinura*）、真滑刃属（*Aphelenchus*）
41	YX- 原生 1	丽突属（*Acrobeles*）、拟丽突属（*Acrobeloides*）、真头叶属（*Eucephalobus*）、杆咽属（*Rhabdolaimus*）、长尾滑刃属（*Seinura*）、狭咽属（*Discolaimium*）、真矛属（*Eudorylaimus*）、针属（*Paratylenchus*）、矮化属（*Tylenchorhynchus*）
42	YX- 原生 2	丽突属（*Acrobeles*）、拟丽突属（*Acrobeloides*）、鹿角唇属（*Cervidellus*）、真头叶属（*Eucephalobus*）、杆咽属（*Rhabdolaimus*）、威尔斯属（*Wilsonema*）、原杆属（*Protorhabditis*）、长尾滑刃属（*Seinura*）、真滑刃属（*Aphelenchus*）、真矛属（*Eudorylaimus*）、亚三孔属（*Tripylina*）、根结属（*Meloidogyne*）、针属（*Paratylenchus*）、矮化属（*Tylenchorhynchus*）

续表

	样品编号	线虫种类
43	YX- 原生 3	拟丽突属（*Acrobeloides*）、鹿角唇属（*Cervidellus*）、真头叶属（*Eucephalobus*）、杆咽属（*Rhabdolaimus*）、威尔斯属（*Wilsonema*）、原杆属（*Protorhabditis*）、假丽突属（*Pseudacrobeles*）、长尾滑刃属（*Seinura*）、狭咽属（*Discolaimium*）、垫刃属（*Tylenchus*）、针属（*Paratylenchus*）、矮化属（*Tylenchorhynchus*）
44	YX- 原生 4	拟丽突属（*Acrobeloides*）、鹿角唇属（*Cervidellus*）、真头叶属（*Eucephalobus*）、杆咽属（*Rhabdolaimus*）、长尾滑刃属（*Seinura*）、真滑刃属（*Aphelenchus*）、真矛属（*Eudorylaimus*）、剑属（*Xiphinema*）、矮化属（*Tylenchorhynchus*）
45	YX- 原生 5	丽突属（*Acrobeles*）、拟丽突属（*Acrobeloides*）、杆咽属（*Rhabdolaimus*）、原杆属（*Protorhabditis*）、假丽突属（*Pseudacrobeles*）、长尾滑刃属（*Seinura*）、孔咽属（*Aporcelaimus*）、小拱唇属（*Labronemella*）、真矛属（*Eudorylaimus*）、矮化属（*Tylenchorhynchus*）
46	YX- 轻度 1	丽突属（*Acrobeles*）、拟丽突属（*Acrobeloides*）、真头叶属（*Eucephalobus*）、杆咽属（*Rhabdolaimus*）、威尔斯属（*Wilsonema*）、假丽突属（*Pseudacrobeles*）、长尾滑刃属（*Seinura*）、依龙属（*Ironus*）、狭咽属（*Discolaimium*）、真矛属（*Eudorylaimus*）、小拱唇属（*Labronemella*）、亚三孔属（*Tripylina*）、矮化属（*Tylenchorhynchus*）、针属（*Paratylenchus*）
47	YX- 轻度 2	丽突属（*Acrobeles*）、拟丽突属（*Acrobeloides*）、真头叶属（*Eucephalobus*）、杆咽属（*Rhabdolaimus*）、地单宫属（*Geomonhystera*）、原杆属（*Protorhabditis*）、长尾滑刃属（*Seinura*）、真滑刃属（*Aphelenchus*）、真矛属（*Eudorylaimus*）、剑属（*Xiphinema*）、矮化属（*Tylenchorhynchus*）、针属（*Paratylenchus*）
48	YX- 轻度 3	丽突属（*Acrobeles*）、拟丽突属（*Acrobeloides*）、杆咽属（*Rhabdolaimus*）、原杆属（*Protorhabditis*）、长尾滑刃属（*Seinura*）、真滑刃属（*Aphelenchus*）、真矛属（*Eudorylaimus*）、矮化属（*Tylenchorhynchus*）
49	YX- 轻度 4	丽突属（*Acrobeles*）、拟丽突属（*Acrobeloides*）、鹿角唇属（*Cervidellus*）、真头叶属（*Eucephalobus*）、杆咽属（*Rhabdolaimus*）、长尾滑刃属（*Seinura*）、真滑刃属（*Aphelenchus*）、依龙属（*Ironus*）、孔咽属（*Aporcelaimus*）、真矛属（*Eudorylaimus*）、亚三孔属（*Tripylina*）、矮化属（*Tylenchorhynchus*）、针属（*Paratylenchus*）
50	YX- 轻度 5	丽突属（*Acrobeles*）、拟丽突属（*Acrobeloides*）、真头叶属（*Eucephalobus*）、杆咽属（*Rhabdolaimus*）、威尔斯属（*Wilsonema*）、地单宫属（*Geomonhystera*）、原杆属（*Protorhabditis*）、长尾滑刃属（*Seinura*）、真滑刃属（*Aphelenchus*）、真矛属（*Eudorylaimus*）、矮化属（*Tylenchorhynchus*）、针属（*Paratylenchus*）
51	YX- 重度 1	拟丽突属（*Acrobeloides*）、鹿角唇属（*Cervidellus*）、真头叶属（*Eucephalobus*）、真单宫属（*Eumonhystera*）、原杆属（*Protorhabditis*）、依龙属（*Ironus*）、假丽突属（*Pseudacrobeles*）、长尾滑刃属（*Seinura*）、真滑刃属（*Aphelenchus*）、狭咽属（*Discolaimium*）、真矛属（*Eudorylaimus*）、亚三孔属（*Tripylina*）、根结属（*Meloidogyne*）、纽带属（*Hoplolaimus*）、中环属（*Mesocriconema*）、针属（*Paratylenchus*）、矮化属（*Tylenchorhynchus*）

续表

	样品编号	线虫种类
52	YX- 重度 2	丽突属（*Acrobeles*）、拟丽突属（*Acrobeloides*）、鹿角唇属（*Cervidellus*）、真头叶属（*Eucephalobus*）、杆咽属（*Rhabdolaimus*）、原杆属（*Protorhabditis*）、依龙属（*Ironus*）、假丽突属（*Pseudacrobeles*）、长尾滑刃属（*Seinura*）、狭咽属（*Discolaimium*）、真矛属（*Eudorylaimus*）、垫刃属（*Tylenchus*）、针属（*Paratylenchus*）、矮化属（*Tylenchorhynchus*）
53	YX- 重度 3	丽突属（*Acrobeles*）、拟丽突属（*Acrobeloides*）、鹿角唇属（*Cervidellus*）、真头叶属（*Eucephalobus*）、杆咽属（*Rhabdolaimus*）、原杆属（*Protorhabditis*）、依龙属（*Ironus*）、长尾滑刃属（*Seinura*）、真滑刃属（*Aphelenchus*）、狭咽属（*Discolaimium*）、真矛属（*Eudorylaimus*）、亚三孔属（*Tripylina*）、剑属（*Xiphinema*）、垫刃属（*Tylenchus*）、针属（*Paratylenchus*）、矮化属（*Tylenchorhynchus*）
54	YX- 重度 4	丽突属（*Acrobeles*）、拟丽突属（*Acrobeloides*）、假丽突属（*Pseudacrobeles*）、长尾滑刃属（*Seinura*）、狭咽属（*Discolaimium*）、真矛属（*Eudorylaimus*）、垫刃属（*Tylenchus*）、针属（*Paratylenchus*）
55	YX- 重度 5	丽突属（*Acrobeles*）、拟丽突属（*Acrobeloides*）、鹿角唇属（*Cervidellus*）、真头叶属（*Eucephalobus*）、真单宫属（*Eumonhystera*）、杆咽属（*Rhabdolaimus*）、依龙属（*Ironus*）、假丽突属（*Pseudacrobeles*）、长尾滑刃属（*Seinura*）、真滑刃属（*Aphelenchus*）、孔咽属（*Aporcelaimus*）、狭咽属（*Discolaimium*）、真矛属（*Eudorylaimus*）、亚三孔属（*Tripylina*）、针属（*Paratylenchus*）、矮化属（*Tylenchorhynchus*）
56	YS1	拟丽突属（*Acrobeloides*）、杆咽属（*Rhabdolaimus*）、威尔斯属（*Wilsonema*）、原杆属（*Protorhabditis*）、长尾滑刃属（*Seinura*）、真滑刃属（*Aphelenchus*）、矮化属（*Tylenchorhynchus*）、针属（*Paratylenchus*）
57	YS2	丽突属（*Acrobeles*）、拟丽突属（*Acrobeloides*）、鹿角唇属（*Cervidellus*）、真头叶属（*Eucephalobus*）、杆咽属（*Rhabdolaimus*）、威尔斯属（*Wilsonema*）、原杆属（*Protorhabditis*）、长尾滑刃属（*Seinura*）、真滑刃属（*Aphelenchus*）、依龙属（*Ironus*）、真矛属（*Eudorylaimus*）、亚三孔属（*Tripylina*）、矮化属（*Tylenchorhynchus*）、针属（*Paratylenchus*）
58	YS3	丽突属（*Acrobeles*）、拟丽突属（*Acrobeloides*）、鹿角唇属（*Cervidellus*）、真头叶属（*Eucephalobus*）、真单宫属（*Eumonhystera*）、杆咽属（*Rhabdolaimus*）、威尔斯属（*Wilsonema*）、原杆属（*Protorhabditis*）、长尾滑刃属（*Seinura*）、真滑刃属（*Aphelenchus*）、依龙属（*Ironus*）、亚三孔属（*Tripylina*）、根结属（*Meloidogyne*）、矮化属（*Tylenchorhynchus*）、针属（*Paratylenchus*）
59	YS4	丽突属（*Acrobeles*）、拟丽突属（*Acrobeloides*）、真头叶属（*Eucephalobus*）杆咽属（*Rhabdolaimus*）、威尔斯属（*Wilsonema*）、原杆属（*Protorhabditis*）、长尾滑刃属（*Seinura*）、真滑刃属（*Aphelenchus*）、真矛属（*Eudorylaimus*）、根结属（*Meloidogyne*）、矮化属（*Tylenchorhynchus*）、针属（*Paratylenchus*）

续表

样品编号		线虫种类
60	YS5	丽突属（*Acrobeles*）、拟丽突属（*Acrobeloides*）、真头叶属（*Eucephalobus*）、真单宫属（*Eumonhystera*）、杆咽属（*Rhabdolaimus*）、威尔斯属（*Wilsonema*）、原杆属（*Protorhabditis*）、长尾滑刃属（*Seinura*）、依龙属（*Ironus*）、真矛属（*Eudorylaimus*）、矮化属（*Tylenchorhynchus*）、针属（*Paratylenchus*）
61	WGT-L1	丽突属（*Acrobeles*）、拟丽突属（*Acrobeloides*）、鹿角唇属（*Cervidellus*）、真头叶属（*Eucephalobus*）、杆咽属（*Rhabdolaimus*）、威尔斯属（*Wilsonema*）、假丽突属（*Pseudacrobeles*）、长尾滑刃属（*Seinura*）、真滑刃属（*Aphelenchus*）、依龙属（*Ironus*）、真矛属（*Eudorylaimus*）、根结属（*Meloidogyne*）、短体属（*Pratylenchus*）、垫刃属（*Tylenchus*）、针属（*Paratylenchus*）
62	WGT-L2	拟丽突属（*Acrobeloides*）、真头叶属（*Eucephalobus*）、杆咽属（*Rhabdolaimus*）、假丽突属（*Pseudacrobeles*）、长尾滑刃属（*Seinura*）、真滑刃属（*Aphelenchus*）、狭咽属（*Discolaimium*）、真矛属（*Eudorylaimus*）、短体属（*Pratylenchus*）、垫刃属（*Tylenchus*）、剑属（*Xiphinema*）、针属（*Paratylenchus*）
63	WGT-L3	拟丽突属（*Acrobeloides*）、鹿角唇属（*Cervidellus*）、真头叶属（*Eucephalobus*）、杆咽属（*Rhabdolaimus*）、威尔斯属（*Wilsonema*）、假丽突属（*Pseudacrobeles*）、伪双胃属（*Pseudodiplogasteroides*）、长尾滑刃属（*Seinura*）、狭咽属（*Discolaimium*）、真矛属（*Eudorylaimus*）、根结属（*Meloidogyne*）、短体属（*Pratylenchus*）、垫刃属（*Tylenchus*）、针属（*Paratylenchus*）
64	WGT-L4	丽突属（*Acrobeles*）、拟丽突属（*Acrobeloides*）、真单宫属（*Eumonhystera*）、杆咽属（*Rhabdolaimus*）、依龙属（*Ironus*）、狭咽属（*Discolaimium*）、真矛属（*Eudorylaimus*）
65	WGT-L5	丽突属（*Acrobeles*）、拟丽突属（*Acrobeloides*）、鹿角唇属（*Cervidellus*）、真头叶属（*Eucephalobus*）、真单宫属（*Eumonhystera*）、杆咽属（*Rhabdolaimus*）、威尔斯属（*Wilsonema*）、长尾滑刃属（*Seinura*）、真滑刃属（*Aphelenchus*）、依龙属（*Ironus*）、狭咽属（*Discolaimium*）、真矛属（*Eudorylaimus*）、亚三孔属（*Tripylina*）、根结属（*Meloidogyne*）、针属（*Paratylenchus*）、矮化属（*Tylenchorhynchus*）
66	WGT-W1	丽突属（*Acrobeles*）、拟丽突属（*Acrobeloides*）、鹿角唇属（*Cervidellus*）、真头叶属（*Eucephalobus*）、地单宫属（*Geomonhystera*）、杆咽属（*Rhabdolaimus*）、原杆属（*Protorhabditis*）、长尾滑刃属（*Seinura*）、依龙属（*Ironus*）、真矛属（*Eudorylaimus*）、针属（*Paratylenchus*）、矮化属（*Tylenchorhynchus*）
67	WGT-W2	丽突属（*Acrobeles*）、拟丽突属（*Acrobeloides*）、头叶属（*Cephalobus*）、鹿角唇属（*Cervidellus*）、真头叶属（*Eucephalobus*）、真单宫属（*Eumonhystera*）、地单宫属（*Geomonhystera*）、杆咽属（*Rhabdolaimus*）、威尔斯属（*Wilsonema*）、原杆属（*Protorhabditis*）、*Zeldia*、长尾滑刃属（*Seinura*）、真滑刃属（*Aphelenchus*）、依龙属（*Ironus*）、真矛属（*Eudorylaimus*）、根结属（*Meloidogyne*）、针属（*Paratylenchus*）、矮化属（*Tylenchorhynchus*）

续表

样品编号		线虫种类
68	WGT-W3	丽突属（*Acrobeles*）、拟丽突属（*Acrobeloides*）、头叶属（*Cephalobus*）、鹿角唇属（*Cervidellus*）、真头叶属（*Eucephalobus*）、地单宫属（*Geomonhystera*）、杆咽属（*Rhabdolaimus*）、威尔斯属（*Wilsonema*）、原杆属（*Protorhabditis*）、*Zeldia*、长尾滑刃属（*Seinura*）、依龙属（*Ironus*）、狭咽属（*Discolaimium*）、真矛属（*Eudorylaimus*）、矮化属（*Tylenchorhynchus*）
69	WGT-W4	丽突属（*Acrobeles*）、拟丽突属（*Acrobeloides*）、鹿角唇属（*Cervidellus*）、真头叶属（*Eucephalobus*）、真单宫属（*Eumonhystera*）、地单宫属（*Geomonhystera*）、杆咽属（*Rhabdolaimus*）、威尔斯属（*Wilsonema*）、长尾滑刃属（*Seinura*）、真滑刃属（*Aphelenchus*）、依龙属（*Ironus*）、孔咽属（*Aporcelaimus*）、狭咽属（*Discolaimium*）、真矛属（*Eudorylaimus*）、短体属（*Pratylenchus*）、垫刃属（*Tylenchus*）、针属（*Paratylenchus*）、矮化属（*Tylenchorhynchus*）
70	WGT-W5	丽突属（*Acrobeles*）、拟丽突属（*Acrobeloides*）、头叶属（*Cephalobus*）、鹿角唇属（*Cervidellus*）、真头叶属（*Eucephalobus*）、杆咽属（*Rhabdolaimus*）、长尾滑刃属（*Seinura*）、真滑刃属（*Aphelenchus*）、亚三孔属（*Tripylina*）、短体属（*Pratylenchus*）、针属（*Paratylenchus*）、矮化属（*Tylenchorhynchus*）
71	FJC-L1	拟丽突属（*Acrobeloides*）、头叶属（*Cephalobus*）、鹿角唇属（*Cervidellus*）、真头叶属（*Eucephalobus*）、地单宫属（*Geomonhystera*）、杆咽属（*Rhabdolaimus*）、假丽突属（*Pseudacrobeles*）、原杆属（*Protorhabditis*）、长尾滑刃属（*Seinura*）、真矛属（*Eudorylaimus*）、微矛属（*Microdorylaimus*）、锉齿属（*Mylonchulus*）、剑属（*Xiphinema*）、根结属（*Meloidogyne*）、矮化属（*Tylenchorhynchus*）、针属（*Paratylenchus*）
72	FJC-L2	丽突属（*Acrobeles*）、拟丽突属（*Acrobeloides*）、鹿角唇属（*Cervidellus*）、真头叶属（*Eucephalobus*）、真单宫属（*Eumonhystera*）、杆咽属（*Rhabdolaimus*）、假丽突属（*Pseudacrobeles*）、长尾滑刃属（*Seinura*）、真滑刃属（*Aphelenchus*）、依龙属（*Ironus*）、真矛属（*Eudorylaimus*）、矮化属（*Tylenchorhynchus*）、针属（*Paratylenchus*）
73	FJC-L3	丽突属（*Acrobeles*）、拟丽突属（*Acrobeloides*）、鹿角唇属（*Cervidellus*）、真头叶属（*Eucephalobus*）、杆咽属（*Rhabdolaimus*）、威尔斯属（*Wilsonema*）、假丽突属（*Pseudacrobeles*）、原杆属（*Protorhabditis*）、长尾滑刃属（*Seinura*）、依龙属（*Ironus*）、真矛属（*Eudorylaimus*）、亚三孔属（*Tripylina*）、剑属（*Xiphinema*）、矮化属（*Tylenchorhynchus*）、针属（*Paratylenchus*）
74	FJC-L4	丽突属（*Acrobeles*）、拟丽突属（*Acrobeloides*）、鹿角唇属（*Cervidellus*）、真头叶属（*Eucephalobus*）、杆咽属（*Rhabdolaimus*）、威尔斯属（*Wilsonema*）、原杆属（*Protorhabditis*）、真滑刃属（*Aphelenchus*）、依龙属（*Ironus*）、真矛属（*Eudorylaimus*）、剑属（*Xiphinema*）、矮化属（*Tylenchorhynchus*）、针属（*Paratylenchus*）
75	FJC-L5	丽突属（*Acrobeles*）、拟丽突属（*Acrobeloides*）、鹿角唇属（*Cervidellus*）、真头叶属（*Eucephalobus*）、杆咽属（*Rhabdolaimus*）、长尾滑刃属（*Seinura*）、真滑刃属（*Aphelenchus*）、依龙属（*Ironus*）、亚三孔属（*Tripylina*）、垫刃属（*Tylenchus*）、矮化属（*Tylenchorhynchus*）

续表

样品编号		线虫种类
76	FJC−W1	丽突属（*Acrobeles*）、拟丽突属（*Acrobeloides*）、头叶属（*Cephalobus*）、真头叶属（*Eucephalobus*）、真单宫属（*Eumonhystera*）、绕线属（*Plectus*）、杆咽属（*Rhabdolaimus*）、威尔斯属（*Wilsonema*）、假丽突属（*Pseudacrobeles*）、原杆属（*Protorhabditis*）、长尾滑刃属（*Seinura*）、依龙属（*Ironus*）、真矛属（*Eudorylaimus*）、锉齿属（*Mylonchulus*）、亚三孔属（*Tripylina*）、矮化属（*Tylenchorhynchus*）
77	FJC−W2	拟丽突属（*Acrobeloides*4）、头叶属（*Cephalobus*）、鹿角唇属（*Cervidellus*）、真头叶属（*Eucephalobus*）、杆咽属（*Rhabdolaimus*）、威尔斯属（*Wilsonema*）、假丽突属（*Pseudacrobeles*）、原杆属（*Protorhabditis*）、长尾滑刃属（*Seinura*）、真滑刃属（*Aphelenchus*）、依龙属（*Ironus*）、真矛属（*Eudorylaimus*）、锉齿属（*Mylonchulus*）、亚三孔属（*Tripylina*）、根结属（*Meloidogyne*）、矮化属（*Tylenchorhynchus*）、针属（*Paratylenchus*）
78	FJC−W3	拟丽突属（*Acrobeloides*）、鹿角唇属（*Cervidellus*）、真头叶属（*Eucephalobus*）、真单宫属（*Eumonhystera*）、杆咽属（*Rhabdolaimus*）、假丽突属（*Pseudacrobeles*）、原杆属（*Protorhabditis*）、长尾滑刃属（*Seinura*）、依龙属（*Ironus*）、真矛属（*Eudorylaimus*）、锉齿属（*Mylonchulus*）、亚三孔属（*Tripylina*）、剑属（*Xiphinema*）、垫刃属（*Tylenchus*）、根结属（*Meloidogyne*）、矮化属（*Tylenchorhynchus*）、针属（*Paratylenchus*）
79	FJC−W4	拟丽突属（*Acrobeloides*）、伪双胃属（*Pseudodiplogasteroides*）、真头叶属（*Eucephalobus*）、真单宫属（*Eumonhystera*）、杆咽属（*Rhabdolaimus*）、假丽突属（*Pseudacrobeles*）、依龙属（*Ironus*）、锉齿属（*Mylonchulus*）、亚三孔属（*Tripylina*）、垫刃属（*Tylenchus*）、矮化属（*Tylenchorhynchus*）
80	FJC−W5	丽突属（*Acrobeles*）、拟丽突属（*Acrobeloides*）、真头叶属（*Eucephalobus*）、真单宫属（*Eumonhystera*）、杆咽属（*Rhabdolaimus*）、威尔斯属（*Wilsonema*）、假丽突属（*Pseudacrobeles*）、长尾滑刃属（*Seinura*）、真滑刃属（*Aphelenchus*）、锉齿属（*Mylonchulus*）、亚三孔属（*Tripylina*）、针属（*Paratylenchus*）

注：1~40 号为干季样品，41~80 号为湿季样品。

附表 4　南沙岛礁土壤线虫各个食性密度

编号	来源	食细菌性	食真菌性	植食性	杂食 / 捕食性	总虫数
1	6# 草坪 1	34.35	6.87	101.33	37.78	180.33
2	6# 草坪 2	70.41	34.35	39.50	41.22	185.48
3	6# 草坪 3	139.11	20.61	13.74	63.54	237.00
4	6# 草坪 4	46.37	34.35	20.61	85.87	187.20
5	6# 草坪 5	209.52	12.02	127.09	70.41	419.05
6	6# 防风固沙 1	276.98	15.78	0	7.01	299.77
7	6# 防风固沙 2	536.43	17.53	0	24.54	578.50
8	6# 防风固沙 3	273.47	31.55	0	47.33	352.36
9	6# 防风固沙 4	21.04	24.54	0	5.26	50.84
10	6# 防风固沙 5	667.91	28.05	217.38	12.27	925.60
11	6# 防风林 1	108.14	43.61	0	8.72	160.47
12	6# 防风林 2	301.75	101.16	13.95	55.81	472.68
13	6# 防风林 3	331.40	75.00	5.23	15.70	427.33
14	6# 防风林 4	94.19	33.14	1.74	12.21	141.28
15	6# 防风林 5	0	0	0	0	0
16	6# 公共绿地 1	92.89	47.32	0	8.76	148.97
17	6# 公共绿地 2	261.13	198.04	5.26	7.01	471.44
18	6# 公共绿地 3	259.38	21.03	255.88	12.27	548.56
19	6# 公共绿地 4	247.11	162.99	261.13	31.55	702.78
20	6# 公共绿地 5	252.37	52.58	1 268.87	21.03	1 594.85
21	6# 行道树 1	155.46	1.75	3.49	0	160.70
22	6# 行道树 2	551.98	3.49	0	17.47	572.94
23	6# 行道树 3	162.45	127.51	698.70	22.71	1 011.37

续表

编号	来源	食细菌性	食真菌性	植食性	杂食 / 捕食性	总虫数
24	6# 行道树 4	10 966.14	1.75	1.75	1.75	10 971.38
25	6# 行道树 5	176.42	52.40	26.20	33.19	288.22
26	7# 草坪 1	183.55	3.40	392.59	124.06	703.60
27	7# 草坪 2	395.99	47.59	54.38	27.19	525.15
28	7# 草坪 3	305.91	15.30	23.79	54.38	399.39
29	7# 草坪 4	572.74	25.49	382.39	105.37	1 085.99
30	7# 草坪 5	239.63	37.39	124.06	61.18	462.27
31	7# 防风固沙 1	688.45	52.69	43.91	82.54	867.59
32	7# 防风固沙 2	554.98	114.16	3.51	275.73	948.38
33	7# 防风固沙 3	788.56	154.55	86.06	214.26	1 243.43
34	7# 防风固沙 4	549.71	600.64	349.50	1.76	1 501.60
35	7# 防风固沙 5	467.16	101.86	1 348.81	31.61	1 949.45
36	7# 防风林 1	342.57	101.37	470.16	13.98	928.08
37	7# 防风林 2	1 242.68	318.10	491.13	5.24	2 057.15
38	7# 防风林 3	419.47	55.93	17.48	10.49	503.36
39	7# 防风林 4	454.43	29.71	414.23	13.98	912.35
40	7# 防风林 5	589.01	103.12	141.57	38.45	872.15
41	7# 公共绿地 1	587.60	78.93	54.38	50.87	771.78
42	7# 公共绿地 2	410.44	21.05	24.56	1.75	457.80
43	7# 公共绿地 3	322.74	22.80	192.94	17.54	556.03
44	7# 公共绿地 4	494.64	42.10	1.75	5.26	543.75
45	7# 公共绿地 5	626.19	75.42	50.87	24.56	777.04
46	7# 行道树 1	488.36	43.76	47.26	84.02	663.40
47	7# 行道树 2	99.77	3.50	49.01	50.76	203.04
48	7# 行道树 3	306.32	1.75	24.51	49.01	381.58
49	7# 行道树 4	980.22	134.78	1.75	229.30	1 346.05
50	7# 行道树 5	616.14	12.25	24.51	157.53	810.43

续表

编号	来源	食细菌性	食真菌性	植食性	杂食 / 捕食性	总虫数
51	6# 客土堆	0	0	0	0	0
52	6# 客土堆上草	0	0	0	0	0
53	6# 裸地	210.36	189.33	0	0	399.69
54	6# 厚藤	105.18	8.77	0	15.78	129.72
55	6# 草皮	1 018.42	3 841.83	1 195.31	3.43	6 058.99
56	7# 客土堆	1 026.51	28.89	39.09	10.20	1 104.68
57	7# 客土堆草坪	822.56	8.50	1.70	8.50	841.26
58	7# 珊瑚砂裸地	0	0	0	0	0
59	7# 厚藤	87.81	1 585.90	22.83	14.05	1 710.60
60	7# 草坪	695.10	57.78	64.58	73.08	890.54
61	7# 豆科	431.49	73.67	121.03	724.42	1 350.61

注：表中指标均为每 100g 干土中所含有的线虫条数。

附表 5 西沙岛礁土壤线虫各个食性密度

编号	来源	食细菌性	食真菌性	植食性	杂食 / 捕食性	总虫数
1	YX1	86.33	37.28	23.54	11.77	158.92
2	YX2	58.21	1.94	0	0	60.15
3	YX3	149.79	35.48	37.45	5.91	228.63
4	YX4	58.91	11.78	23.56	7.85	102.10
5	YX5	70.78	49.15	64.88	11.80	196.61
6	YX6	67.23	110.72	65.25	3.95	247.15
7	YX7	67.06	78.90	51.28	0	197.25
8	YX8	79.07	5.93	35.58	9.88	130.46
9	YX9	39.59	9.90	57.40	1.98	108.86
10	YX10	59.59	19.86	9.93	5.96	95.34
11	YX11	168.40	29.72	7.92	27.74	233.78
12	YX12	128.72	27.72	27.72	1.98	186.15
13	YX13	23.88	0	3.98	1.99	29.85
14	YX14	126.63	45.51	9.89	37.59	219.62
15	YX15	138.59	67.32	237.59	27.72	471.21
16	YS1	17.66	3.92	3.92	5.89	31.39
17	YS2	25.51	13.73	7.85	3.92	51.01
18	YS3	44.64	0	25.23	1.94	71.81
19	YS4	13.79	3.94	1.97	7.88	27.58
20	YS5	11.79	5.89	3.93	3.93	25.54
21	WGT–L1	1.98	0	0	5.95	7.93
22	WGT–L2	27.82	1.99	5.96	15.90	51.66
23	WGT–L3	27.72	0	1.98	5.94	35.65
24	WGT–L4	11.88	1.98	0	0	13.86
25	WGT–L5	7.94	0	0	1.99	9.93

续表

编号	来源	食细菌性	食真菌性	植食性	杂食 / 捕食性	总虫数
26	WGT–W1	31.84	1.99	5.97	13.93	53.73
27	WGT–W2	39.79	3.98	9.95	13.93	67.65
28	WGT–W3	39.74	3.97	9.93	13.91	67.56
29	WGT–W4	15.92	0	3.98	1.99	21.89
30	WGT–W5	37.85	5.98	1.99	0	45.81
31	FJC–L1	11.88	0	19.80	0	31.69
32	FJC–L2	3.95	0	5.92	0	9.87
33	FJC–L3	5.93	0	1.98	0	7.91
34	FJC–L4	37.58	0	0	1.98	39.56
35	FJC–L5	11.92	0	1.99	0	13.90
36	FJC–W1	61.34	3.96	3.96	11.87	81.13
37	FJC–W2	15.88	1.99	3.97	0	21.84
38	FJC–W3	21.84	5.96	3.97	0	31.77
39	FJC–W4	7.91	0	3.96	1.98	13.85
40	FJC–W5	41.67	9.92	0	0	51.59
41	YX– 原生 1	80.09	9.77	9.77	3.91	103.53
42	YX– 原生 2	128.38	17.51	101.15	21.40	268.44
43	YX– 原生 3	95.94	23.49	15.66	1.96	137.05
44	YX– 原生 4	31.28	23.46	15.64	1.96	72.34
45	YX– 原生 5	15.48	1.94	17.42	21.29	56.12
46	YX– 轻度 1	81.06	1.98	116.65	11.86	211.55
47	YX– 轻度 2	122.55	7.91	94.88	29.65	254.99
48	YX– 轻度 3	64.72	21.57	31.38	15.69	133.36
49	YX– 轻度 4	155.46	31.48	27.55	37.39	251.88
50	YX– 轻度 5	59.12	21.68	53.20	7.88	141.88
51	YX– 重度 1	132.27	41.46	43.43	17.77	234.93
52	YX– 重度 2	91.03	9.89	29.68	11.87	142.48
53	YX– 重度 3	106.69	23.71	23.71	15.81	169.91

续表

编号	来源	食细菌性	食真菌性	植食性	杂食 / 捕食性	总虫数
54	YX- 重度 4	9.96	1.99	1.99	17.93	31.88
55	YX- 重度 5	83.03	13.84	53.37	57.33	207.57
56	YS1	1 348.97	42.52	28.99	0	1 420.48
57	YS2	326.00	54.01	57.87	32.79	470.68
58	YS3	353.39	38.20	179.56	17.19	588.34
59	YS4	548.99	63.57	331.32	175.29	1 119.17
60	YS5	500.10	18.52	35.19	48.16	601.97
61	WGT–L1	226.20	59.01	47.21	35.40	367.81
62	WGT–L2	145.51	60.15	308.49	32.98	547.13
63	WGT–L3	270.11	21.69	39.43	43.38	374.60
64	WGT–L4	25.69	0	0	11.86	37.55
65	WGT–L5	104.38	37.42	55.15	9.85	206.80
66	WGT–W1	164.31	43.55	229.64	33.65	471.16
67	WGT–W2	161.27	19.67	11.80	29.50	222.24
68	WGT–W3	65.06	17.74	1.97	15.77	100.55
69	WGT–W4	81.00	39.51	17.78	7.90	146.19
70	WGT–W5	477.33	279.37	131.36	16.65	904.71
71	FJC–L1	196.61	30.54	68.72	26.72	322.60
72	FJC–L2	298.13	57.05	163.79	11.04	530.01
73	FJC–L3	591.01	41.70	328.14	96.08	1 056.93
74	FJC–L4	400.36	34.48	15.32	38.31	488.48
75	FJC–L5	157.88	30.07	116.53	30.07	334.55
76	FJC–W1	73.56	7.74	11.61	11.61	104.53
77	FJC–W2	667.46	153.73	186.81	87.57	1 095.56
78	FJC–W3	188.58	0	90.44	46.18	325.20
79	FJC–W4	61.45	1.81	12.65	12.65	88.56
80	FJC–W5	509.46	89.90	18.73	26.22	644.32

注：表中指标均为每 100g 干土中所含有的线虫条数。

附表 6　我国热带岛礁土壤线虫拉丁名检索表

A

Acrobeles 丽突属

Acrobeloides 拟丽突属

Alaimus 无咽属

Aphelenchus 真滑刃属

Aporcelaimus 孔咽属

Aporcella 无环属

C

Calcaridorylaimus 距矛属

Cephalobus 头叶属

Cervidellus 鹿角唇属

D

Discolaimium 狭咽属

Ditylenchus 茎属

E

Eucephalobus 真头叶属

Eudorylaimus 真矛属

Eumonhystera 真单宫属

G

Geomonhystera 地单宫属

H

Helicotylenchus 螺旋属

Hirschmanniella 潜根属

Hoplolaimus 纽带属

I

Ironus 依龙属

L

Labronemella 小拱唇属

M

Meloidogyne 根结属

Mesocriconema 中环属

Mesodorylaimus 中矛属

Microdorylaimus 微矛属

Mylonchulus 锉齿属

P

Paratrichodorus 拟毛刺属

Paratylencholaimus 拟垫咽属

Paratylenchus 针属

Plectus 绕线属

Pratylenchus 短体属

Prismatolaimus 棱咽属

续表

Protorhabditis 原杆属	*Tylencholaimus* 垫咽属
Pseudacrobeles 假丽突属	*Tylenchorhynchus* 矮化属
Pseudodiplogasteroides 伪双胃属	*Tylenchus* 垫刃属
R	W
Rhabdolaimus 杆咽属	*Wilsonema* 威尔斯属
Rhabdotylenchus 杆垫刃属	
Rotylenchulus 肾状属	X
	Xiphinema 剑属
S	
Seinura 长尾滑刃属	Z
Sporonchulus	*Zeldia*
T	
Tripylina 亚三孔属	